ネットワーク

目には見えない
しくみを
構成する技術

井口 信和 著

森北出版株式会社

まえがき

本書は，ネットワーク技術者を目指す人のための入門書である．本書ではコンピュータネットワークを理解するための基本的な用語の解説からはじめ，コマンドを使って，コンピュータの設定を確認したり，トラブルの原因を特定したりする実践的な方法までを説明する．全章を通して，ネットワークに関係する技術をわかりやすく，かつ実践的に利用するために役立つ情報を紹介する．

ネットワークはLANやインターネットとして，社会の隅々にまで普及している．いまや，ネットワークは企業の経営活動，流通活動を支える基盤である．また，われわれの日常生活においては，さまざまなコミュニケーションの方法として利用され，より便利で快適な交流の手段となっている．さらに，ネットワークを活用した教育が実践され，場所や時間の制約を超えた新しい学習の場を提供している．

ネットワーク技術者を目指す人は，企業，家庭，学校ですでに用意された環境を利用するだけでなく，そのしくみを理解し，自分でネットワークを構築したり，使っているコンピュータを外部の攻撃やウイルスから守ったりするための確かな知識と技術が求められる．また，ネットワークのしくみを理解することは，新しいネットワークのサービスやアプリケーションの開発，ネットワーク対応のゲームの制作にも役立つ．

ネットワークは，全体でみると大変複雑なシステムである．しかし，いくつかの役割に分割し，その役割ごとに順を追ってしくみと動作を学べば，意外なほど簡単に理解できる．本書では，図を多く用いることで，目では見えないネットワークの動作のイメージをつかんでもらえるように努めた．また，各章のはじめには学習の目当てとなるキーワードを記載し，各章の終わりには章ごとのまとめと演習問題を用意している．学んだ知識の整理と理解度の確認に活用して欲しい．

本書を通して，ネットワークにより興味をもってもらい，確かな知識と技術を身につけ，その成果を実社会において役立ててもらいたい．

最後に，本書の出版の機会を与えて頂いた森北出版の石田昇司氏と応援してくださった皆様に感謝の意を表する．

2015年3月

井口信和

目　次

1章 コンピュータネットワークの基礎

本章では，コンピュータネットワークを理解するための基礎的な要素について説明する．プロトコルやトポロジ，帯域幅といったネットワークを理解するうえで重要な用語について説明する．

Keyword　ネットワーク，プロトコル，トポロジ，LAN，WAN，クライアントサーバシステム，帯域幅，スループット

1.1 ネットワークの進化

ネットワークとは，モノとモノ，またはヒトとモノの複雑な結びつきのことをいう．ネットワークには道路交通網，水道，電気，動物の神経網，電話ネットワークなどがあり，情報ネットワークやコンピュータネットワークもその一つである．コンピュータネットワークは，コンピュータどうしが通信ケーブルなどを介して相互に通信するものである．本書では，コンピュータネットワークを単にネットワークと記す．

ネットワークは，コンピュータ技術の進歩とともに，しだいに形を変えて発展してきた．コンピュータが開発された当時は，コンピュータ本体のある場所だけでデータを入出力していたが，しだいにデータを利用する場所においてデータを入出力したいという要求が出てきた．当初は，コンピュータ本体と入出力装置をつなぐケーブルを延長することで対応していた．その後，通信回線を利用したデータ通信システムや，公衆通信網を利用した通信へ発展していった．

小型で安価なパーソナルコンピュータ（PC）が登場すると，オフィスの業務に導入されていき，PCは表計算ソフトウェアなどの登場とともに，オフィス業務の効率化に欠かせないビジネス機器となった．初期導入時のPCは，それぞれを単独で使用する，いわゆるスタンドアロンで使われていたため，PC間のデータの受け渡しは，フロッピーディスクなどに入れ，人の手によって行われていた．このため，とくに遠方とのデータの受け渡しには遅延が発生し，データ更新の同期がとれないなどの問題

も発生した．さらに，プリンタなどの周辺装置も高価であり，1台のPCに1台のプリンタを接続することはコスト的に難しく，また無駄であった．

そこで，データの受け渡しの手間や，プリンタなどの周辺装置を共同利用するために，PCどうしを通信ケーブルによって接続するネットワークが導入されていった．ところが，当時のネットワークは，メーカがそれぞれの技術によって製品を作っていたため，相互接続ができないという問題が発生した．この問題を解決するために，通信プロトコルの規格化が進められ，相互接続ができるようになった．

ネットワークは，以下のようなさまざまなサービスの提供を可能とする．

- コンピュータ間での資源の共有（図1.1(a)）
- コンピュータ間でのデータやファイルの転送
- コンピュータ間でのデータやファイルの共有
- 電子ニュースやWWWによる情報の共有（図(b)）
- 電子メールによるコミュニケーションの支援（図(c)）
- グループウェアを利用したコラボレーションの支援
- ビデオ会議システムの利用
- SNS

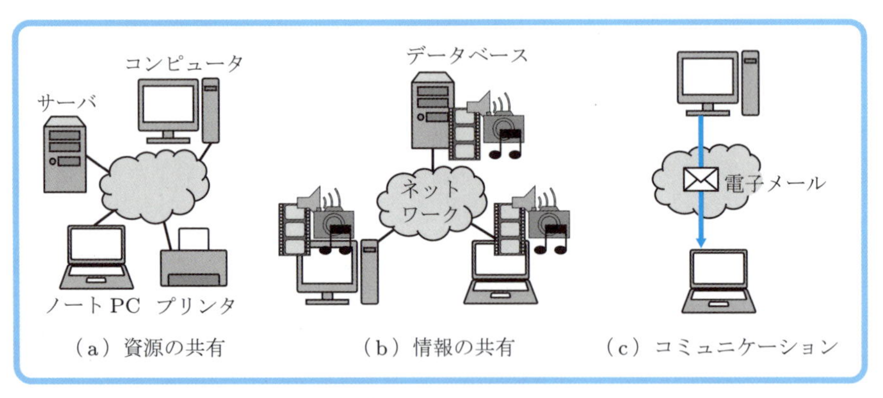

図1.1　ネットワーク

1.2　プロトコル

一般に，プロトコルという言葉は「ルール」や「決まりごと」を意味する．同じように，ネットワークの世界で使うプロトコルとは，ネットワーク上でのデータのやりとりに関する一定のルールをいう．ネットワークでは，接続方法やデータ受け渡しの方法がルールとして決められている．この通信ルールのことをプロトコルとよぶ．コンピュータどうしが相互通信するための条件は，同じプロトコルを使用することである．

プロトコルは，これまでに数多くのものが提案され，使われてきた．たとえば，インターネットでよく利用されているWWWでは，プロトコルとしてHTTPが使われている．HTTPは，hypertext transfer protocolのことであり，ハイパーテキストを転送するためのプロトコルであることがわかる．ほかにも，よく知られているプロトコルとしては，遠隔ホストアクセスのためのTELNETや，ファイル転送のためのFTPなどがある．これらは，UNIXでは同じ名称のコマンドとして利用可能である．これら以外にも，ユーザが直接操作することはないが，電子メール配送のためのSMTPやPOP，名前問題解決のためのDNSなど，数多くのプロトコルが存在する．これらはネットワークアプリケーションを実現するためのプロトコルであり，アプリケーションプロトコルとよばれる．

アプリケーションプロトコルによって，ユーザは，さまざまなネットワークのサービスの利用が可能となる．しかし，アプリケーションプロトコルが通信に関するすべての機能を備えているわけではない．電子メールを例にとると，ネットワークのどの経路を使うか，電子メールを届けるコンピュータをどうやって識別するか，どのプログラムにデータを渡すか，ネットワークのケーブルの内部をどのような信号にして伝送するかについては規定されていない．これらについても通信の規約として定めなければ，通信することはできない．そこで，それらを実現するために，いくつかの機能の分担が行われており，それぞれの機能を実現するためのプロトコルが提供されている．

1.3 PCの構成

一般的な用途のPCは，マザーボードまたはメインボードとよばれる基盤の上に，CPUやメモリなどが装着されている．さらに，ハードディスクなどの外部記憶装置や，ビデオボード，CD／DVDドライバなどがバスとよばれる装置に接続されている．

とくにネットワークに関係している重要な機器として，NIC（ネットワークインターフェイスカード）がある．NICは，PCをネットワークに接続する役割をもっている．図1.2のように，NICにはネットワークケーブルを接続するためのジャックが用意されている．使用するネットワークのケーブルのタイプに合わせて，NICを選択する必要がある．また，NICのROMには，5.1節で述べるMACアドレスが書き込まれている．

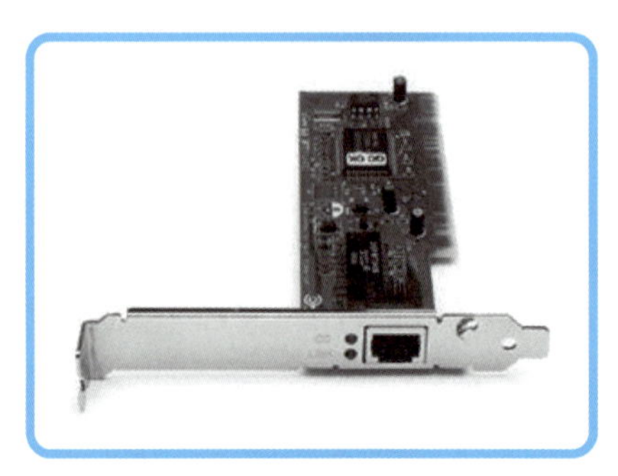

図1.2　NIC

1.4　ネットワークトポロジ

ネットワークトポロジは，ネットワークの構成を定義したものである．本書では，ネットワークトポロジを単にトポロジと記す．トポロジによって，接続形態を分類することができる．トポロジは，論理トポロジと物理トポロジに分類される．

1.4.1　論理トポロジ

論理トポロジは，ホストがネットワークのメディアにアクセスする方法を定義したものである．ネットワークのメディアとは，LANケーブルなどのように，通信するデータを伝送する媒体のことをいう．論理トポロジには，ブロードキャストとトークンパッシングという二つの方式がある．

ブロードキャスト（broadcast）は，複数のホストが一つのメディアを共有して使用している環境において，いっせいにデータを伝送することで通信する方式である．ブロードキャストでは，複数のホストが同時にデータを伝送する状況が発生する．この場合，メディア上でデータの衝突が起こるため，衝突の回避と衝突が発生した場合の処理方法についての手順が決められている．その方法の一つに，イーサネット（5章）で用いられているCSMA/CDがある．

トークンパッシング（token passing）は，複数のホストが一つのメディアを共有している環境において，トークンとよばれる「送信権」データを用いることで，一度に一つのホストだけがデータを送信する方式である．これにより，メディア上でのデータの衝突を回避することができる．トークンはメディア上を常に流れており，トークンを取得したホストのみがデータの送信が可能となるしくみである．トークンパッシングは，FDDIやトークンリングで使用される方式である．

1.4.2　物理トポロジ

物理トポロジは，ノード（ホストなど）と回線（ケーブル）によって，実際のレイアウトを図示したものである．図1.3(a)のようなネットワークを，図(b)のように点と線で表す．物理トポロジには，バス型，リング型，スター型，拡張スター型，メッシュ型などがある．

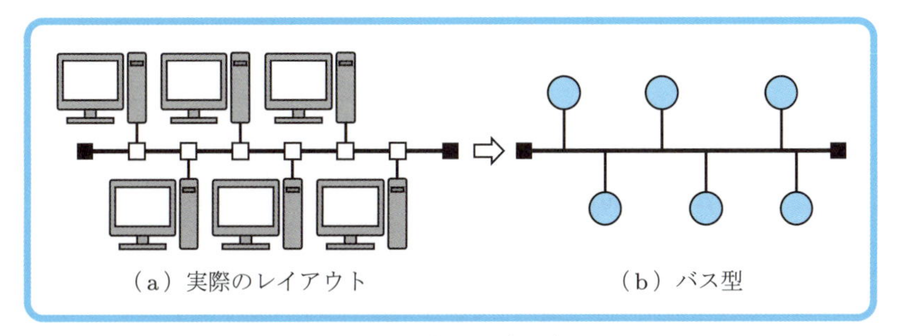

図1.3　物理トポロジ

図1.3(b)のように，バス型は複数のノードが1本のケーブルに接続されている形態である．1本のケーブルに複数のホストを接続することで，必要な配線数を減らすことができる．また，一つのノードに障害が発生しても，ほかのノードの通信には影響しない．一方，幹線のケーブルに障害が発生すると，すべてのネットワークの通信が利用できなくなるという欠点がある．

図1.4のように，リング型は各ノードが二つの接続点をもち，隣のノードと必ずつながっている形態である．最後のノードが最初のノードと接続することで，リングが形成される．リング型では，一区間で障害が発生しても，逆向きに伝送することで通信が可能となる．ただし，二区間で障害が発生した場合に，通信できなくなる．

図1.5のように，スター型は中央に設置した集線装置に複数のノードが接続する形態である．中央の集積装置を中心に，放射線状にノードが接続される．スター型は，

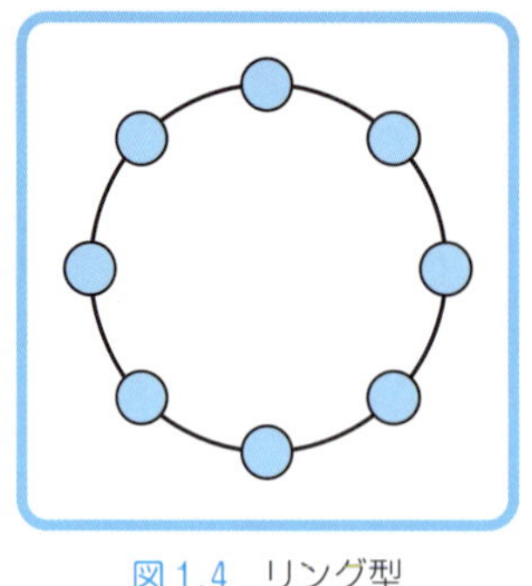

図 1.4　リング型

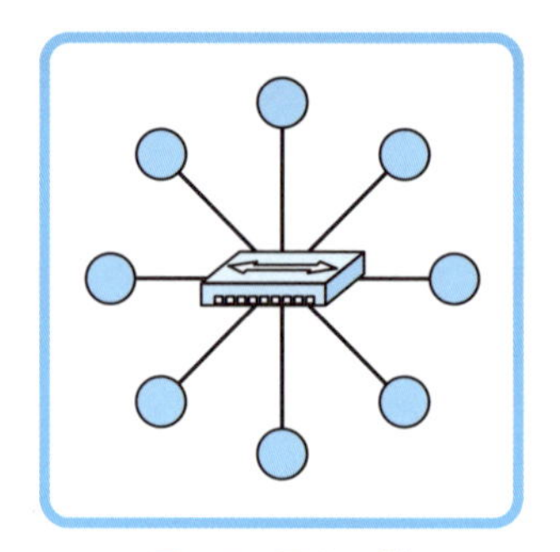

図 1.5　スター型

レイアウトの変更が簡単にできるという利点がある．一つのノードに障害が発生しても，ネットワーク全体には影響しない．また，ツイストペアケーブルを使った安価なネットワークの構築が実現可能である．中央の集線装置には，ハブ，スイッチが用いられる．ただし，集積装置に障害が発生すると，ネットワーク全体の通信ができなくなるという欠点がある．

1.5 LANとWAN

LAN（local area network）とは，大学のキャンパスや企業内など，地理的に制限された内部でのネットワークを指す．LANは，近くにある機器を接続し，比較的高速な通信を行う．IEEE（The Institute of Electrical and Electronics Engineers）では，「多数の独立した装置が適度なデータ伝送速度を持つ物理伝送路を通じて，適当な距離内で直接的に通信可能とするデータ通信システム」と定義されている．部屋のなかで，2台のコンピュータをケーブルで接続し，相互に通信できる環境を整えると，LANとよぶことができる．図 1.6(a)にLANのイメージを示す．

LANは大学や企業の建物のなかなど，地理的に限定された範囲でのみ利用可能なネットワークであり，ファイルやプリンタ（これらを資源とよぶ）を共有することで，生産性を向上させることができる．

LANが導入された当初は，各メーカが独自の仕様で構築していたため，ほかのメーカの機器とは通信できないという不都合があった．そこで，5.3 節で述べるLANの規格が制定され，どのメーカの機器でも，同じプロトコルを使うことで，LAN内で通信することができるようになった．

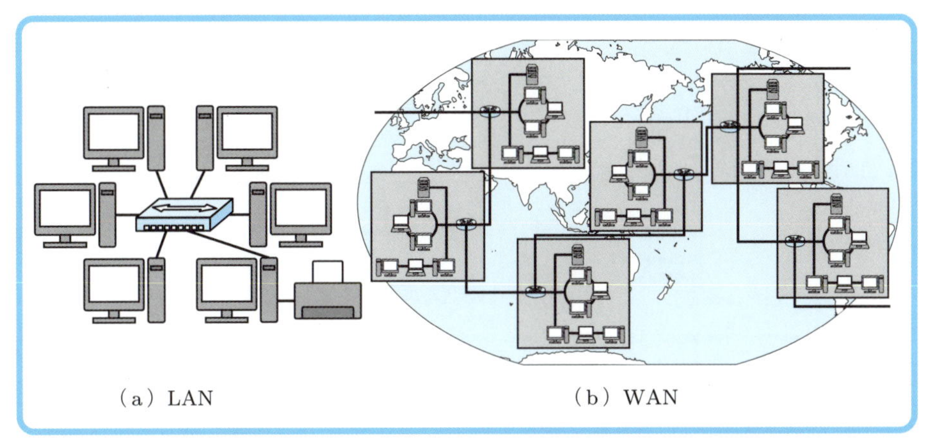

図 1.6 LANとWAN

一方，WAN（wide area network）は，LANどうしを接続し，地理的に広い範囲を結んだ広域ネットワークのことを指す．組織内にLANが導入され，仕事の生産性が向上すると，LANだけでは十分ではないという要求がでてきた．つまり，より広い範囲のコンピュータどうしを接続したいという要求である．これに応えるために，遠く離れているコンピュータどうしの通信を可能とするWANが必要となった．WANはLANどうしを相互接続する形態で発展し，現在では地球規模のWANとして，インターネットが広く普及している．図 1.6(b)はWANのイメージである．複数のLANが接続されることで，WANが構成される．

1.6 クライアントサーバシステム

クライアントサーバシステムとは，分散システムの一つのモデルである．分散システムとは，複数のホストを通信回線で相互に接続し，データなどの資源を共有するしくみである．クライアントサーバシステムは，サーバとクライアントとよばれる二つの役割をもつホストから構成される．サーバはサービスを提供する側のホストまたはソフトウェアであり，クライアントはサーバに対してサービスを要求する側のホストまたはソフトウェアのことである．図 1.7 に，クライアントサーバシステムのモデル図を示す．

1.5 節で説明したLAN上で構成される主なシステムは，クライアントサーバシステ

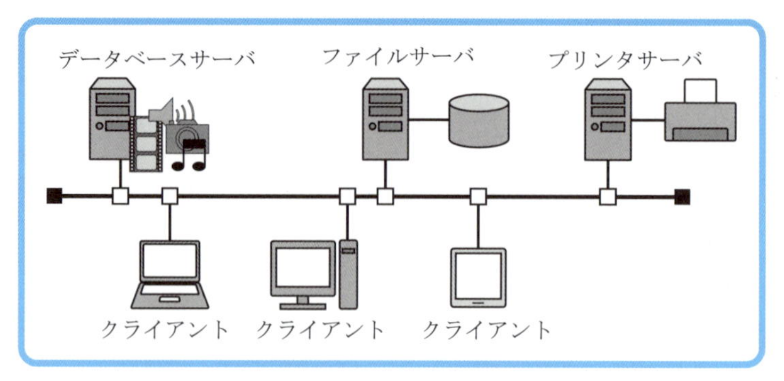

図 1.7　クライアントサーバシステム

ムとして構築されている．クライアントサーバーシステムの利点と欠点を表 1.1 に示す．クライアントサーバシステムでは，データなどの資源はすべてサーバで管理している．また，サーバにおいてユーザの管理なども可能である．データなどの資源はすべてサーバにあるため，システムの管理者はサーバに保存されているデータのみを管理すればよい．したがって，データの更新作業が容易にできる．また，クライアント側の処理が軽いため，性能の高くないホストでもサービスを利用できる．ただし，サーバに障害が発生するとシステムが停止してしまうため，サービスを提供できなくなる．

表 1.1　クライアントサーバシステムの利点と欠点

利　点	欠　点
資源の集中管理	サーバの負荷が大きい
データの更新が容易	サーバ回線の負荷が大きい
クライアントの処理が軽い	サーバの障害でシステムが停止

1.7　VPN

インターネットは不特定多数が回線を共有している公衆ネットワークであり，本質的に多くの危険が潜んでいる．パケットの盗聴や改ざん，アドレスやドメインの詐称も可能である．このようなインターネット上において，安全なデータのやりとりを実現する方法の一つが VPN である．VPN（virtual private network）は，通信経路そのものを暗号化することで，経路上を流れるすべてのパケットを暗号化し，インターネット上に仮想的な専用通信網を作る技術である．インターネットの説明は2章で述べる．VPNに必要な技術は「認証技術」と「暗号化技術」である．認証技術によって，許可された者だけが利用できるようにし，暗号化技術によって，やりとりされている通信データを保護している．

VPNには，アクセスVPN，イントラネットVPN，エクストラネットVPNの三つの分類がある．

アクセスVPNは，学外や社外などの組織外にいるモバイルユーザや在宅勤務者に，組織内のネットワークへのアクセスを提供する．アクセスVPNでは，ダイアルアップ，ISDN，DSL，アクセスサーバ，モバイルIPなどのさまざまな技術を使うことで，モバイルユーザや在宅勤務者と組織内のネットワークを接続する．

イントラネットVPNは，地理的に離れたキャンパスのLANや会社の支店のLANなどを組織内のネットワークに接続する．イントラネットVPNを利用できるユーザは，組織内のユーザに限られている．

エクストラネットVPNは，別の組織のネットワークを組織内のネットワークに接続する．エクストラネットVPNでは，組織外のユーザの利用を可能とする．

ここで，イントラネットとエクストラネットについて説明する．イントラネットは，インターネットの技術を使って構築したLANの構成をいう．プロトコルとしてはTCP/IPが利用され，インターネットのアプリケーションによって，情報システムが構築される．インターネットの技術を使って組織内ネットワークを構築することで，組織内ネットワークもインターネットも同じ手法で構築し，管理できる．

エクストラネットは，企業間ネットワークをインターネット上に構築するものであり，組織の壁を越えた情報システムである．業務情報の交換や共有に利用される．

1.8　帯域幅とスループット

ネットワークの性能を示す一つの指標に「帯域幅」がある．帯域幅とは，単位時間あたりに送ることができる情報量を意味する．「bps (bit per second)」を単位として使用する．つまり，1秒間に転送できるビット数を示す．

帯域幅は，ネットワークで使用するケーブルなどのメディアの種類によって異なる．帯域幅は，それぞれのメディアの規格によって決められており，仕様上の値として与えられる情報である．実際の使用では，帯域幅を超えた情報を転送することはできない.

帯域幅は，ネットワークの性能を表す基本的な単位であるだけでなく，以下の意味において重要である.

まず，帯域幅は有限であるため，どのようなメディアを使っても，転送できる情報量には限界がある．帯域幅の限界は，メディアの物理的な特性と，現在の技術によって決まるものである．メディアの特性について理解することは，ネットワークを学ぶうえで重要である.

つぎに，帯域幅の広いメディアは帯域幅の狭いメディアと比較して，製造や設置にコストがかかるため，常にコストを意識する必要がある．ネットワークの利用者は帯域幅によって利用料金が変わるため，ネットワークを設計するときには，帯域幅とコストのバランスを考慮して設定しなければならない.

さらに，利用者の増加と大量の情報量を扱う新しいアプリケーションの普及にともない，より多くの帯域幅が必要となっていることである.

ネットワークの性能を示す指標として，帯域幅のほかに「スループット」がある．スループットは，単位時間あたりにネットワークシステムが実際に処理できるデータの量を表す．単位としては帯域幅と同じbpsを使うが，帯域幅と異なり，実際にネットワーク上を転送できるデータ量の実測値を表す．したがって，スループットは，さまざまな要因で変動し，ネットワークを構成するさまざまなハードウェアや，利用するソフトウェアの能力に影響される．スループットを決める要件としては，ネットワーク関係のデバイス，通信データの種類，トポロジ，ユーザ数，サーバコンピュータの能力，ユーザのコンピュータの能力などがある.

1.9 2進数と16進数

われわれの日常生活では，主に10進数が使われている．一方，コンピュータの世界では，2進数が利用されている．また，ネットワークの世界では，16進数も用いられている．このため，10進数，2進数，16進数の変換がたびたび必要となる.

10進数では，0～9の10個の数字を使う．10進数は10の“べき乗”であり，各桁の値には，基数である10のべき乗値を乗算する．10進数を右から左に向かってみた場合，一番右側は，$10^0(=1)$，2番目は$10^1(=10)$，3番目は$10^2(=100)$を表す．例をあげると，つぎのようになる.

$$4321 = (4 \times 10^3) + (3 \times 10^2) + (2 \times 10^1) + (1 \times 10^0)$$

2進数では，0と1の二つの数字だけを使う．2進数の右から左への各桁は，基数2のべき乗を表す．つまり，右から左に向かって，$2^0 = 1$，$2^1 = 2$，$2^2 = 4$，$2^3 = 8$，$2^4 = 16$ となる．例をあげると，つぎのようになる．

$$\begin{aligned} 11010(2) &= (1 \times 2^4) + (1 \times 2^3) + (0 \times 2^2) + (1 \times 2^1) + (0 \times 2^0) \\ &= 16 + 8 + 0 + 2 + 0 = 26(10) \end{aligned}$$

つまり，2進数の11010は10進数の26となる．

16進数は，2進数をより扱いやすくするために利用される．コンピュータからの2進数の出力は，桁が大きくなると読みにくいため，16進数に変換することで読みやすくしている．16進数では，0～9の数字と，A～Fの記号が使われる．表1.2に示すとおり，4桁の2進数で1桁の16進数を表すことができ，8桁の2進数で2桁の16進数を表すことができる．2進数から16進数への変換は，2進数を右から4桁ずつに分け，それぞれを16進数に対応させればよい．逆に，16進数から2進数への変換は，1桁の16進数を4桁の2進数に対応させればよい．また，16進数を表す場合，「0x」という記号が使われることがある．たとえば，16進数の7Eを0x7Eと記述する．表1.2に10進数，2進数，16進数の対応表を示す．

表1.2　2進数と16進数

10進数	2進数	16進数
0	00000000	00
1	00000001	01
2	00000010	02
3	00000011	03
4	00000100	04
5	00001001	05
6	00000110	06
7	00000111	07
8	00001000	08
9	00001001	09
10	00001010	0A
11	00001011	0B
12	00001100	0C
13	00001101	0D
14	00001110	0E
15	00001111	0F
16	00010000	10

本章のまとめ

1. コンピュータネットワークは，コンピュータどうしが通信ケーブルなどを介して相互に通信するものである．
2. プロトコルとは，ネットワーク上でのデータのやりとりに関する一定のルールである．
3. NICは，PCをネットワークに接続する役割をもっている．
4. トポロジには，論理トポロジと物理トポロジがある．論理トポロジは，ホストがネットワークのメディアにアクセスする方法を定義したものである．物理トポロジは，ノードと回線によって，実際のレイアウトを図示したものである．
5. LANは，大学のキャンパスや企業内などの地理的に制限された内部でのネットワークである．
6. WANは，LANどうしを接続し，地理的に広い範囲を結んだ広域ネットワークである．
7. LANの主なサービスは，クライアントサーバシステムで構築されている．
8. VPNは，暗号化技術と認証技術によって，インターネット上に仮想的な専用通信網を作る技術である．
9. イントラネットは，インターネットの技術を使って構築したLANを利用したシステムである．エクストラネットは，企業間ネットワークをインターネット上に構築するシステムである．
10. 帯域幅とは，単位時間あたりに送ることができる情報量のことである．

1.1 プロトコルについて説明せよ．

1.2 NICの役割について説明せよ．

1.3 LANとWANについて簡単に説明せよ．

1.4 VPNで使われている技術について説明せよ．

1.5 帯域幅について説明せよ．

1.6 スループットについて説明せよ．

2章 インターネット

本章では，日常的に利用しているインターネットについて，その特徴，歴史，通信方式などを説明する．最後に，インターネットの関連技術を標準化した文書を紹介する．

Keyword　インターネット，ARPANET，パケット交換方式，RFC

2.1 インターネットとは

インターネットは，世界中のすべてのコンピュータをつなぐネットワークである．そして，つながっているコンピュータはほかのコンピュータと自由にコミュニケーションできる．ネットワークで扱われる情報はディジタル情報である．ディジタル情報は，簡単にコピーすることが可能であり，時間が経過しても劣化しない．もし劣化しても，その劣化を簡単に発見することができ，復元することが可能な場合もある．さらに，コンピュータによる高速な処理が可能なため，情報の共有や交換に適している．インターネットは，このディジタル情報を世界中で自由に共有し，交換するためのインフラとなっている．インターネットによって，世界中の利用者やコンピュータと自由にコミュニケーションができ，知識や情報の共有と交換ができる．

また，インターネットは，世界中に分散した小さなネットワークを相互に接続し，ネットワークの集合として発展してきたため，「ネットワークのネットワーク（メタネットワーク）」といわれる．図 2.1 のように，インターネットは国境を越えて発展し，国という概念とは異なる地球規模のネットワークとなっている．

インターネットの利点は，情報やデータだけでなく，PC の CPU などの資源の共有が可能なことである．それも距離に関係なく，瞬時に遅延のない共有を可能とする．インターネットが登場する以前は，コミュニケーションの手段として手紙と電話が広く使われてきた．これらのメディアと比較すると，インターネットの利点がわかる．

手紙でも情報の共有は可能であった．しかし，手紙を配送するためには，日単位で

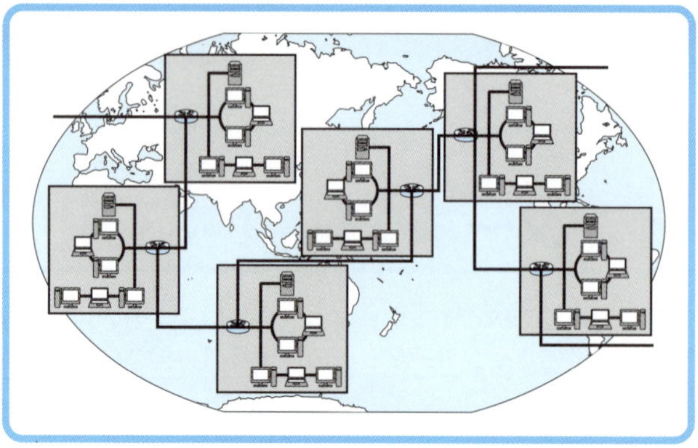

図2.1 インターネット

の遅延が発生していた．一方，電話では，いまの情報を伝えあうことはできる．しかし，電話では情報を音声で伝えることはできても，実体のあるものの共有は無理である．ところが，インターネットでは，いまの情報を遅延なく共有することでき，さらにPCやプリンタなどの実体のあるものの共有も可能である．インターネットによって，共有方法に大きな変化がもたらされたと同時に，地球規模での共同作業も可能となっている．

2.2 インターネットの特徴

インターネットの特徴は，その規模の大きさである．現在では世界中のコンピュータをつなぐネットワークであるインターネットは，規模が拡大していくことに耐えられるようなしくみをもっている．

ネットワークの運用には集中型と分散型がある．集中型は，中央に処理能力の高いホストコンピュータを配置し，それに対して複数のホストを配する方式である．これに対して，分散型は，複数のコンピュータに機能を分散する方式である．インターネットは分散型によって運用されている．インターネットを構成する個々のネットワークの機能やサービスは，自律的にそれぞれのネットワークにおいて決められて運用されている．このため，それぞれのネットワークは自由に運用されているが，インターネットに接続するための最小限のルールを守ることによって，相互運用が可能になっている．

インターネットは，規模が拡大しても，接続しているすべてのコンピュータがつながっている．そのためには，個々のネットワークが完全に動作することよりも，一つのネットワークが止まっても，それをシステム全体のしくみで補うようにしている．たとえば，ある経路が使えない場合，別の経路を迂回できるしくみが用意されている．まわり道のような冗長性を与えることで，現実的に信頼性の高い大きなネットワークを実現している．

インターネットのもう一つの特徴は，両端のコンピュータがすべてを制御することである．ホストコンピュータと単純なホストを使う集中型のデータ通信において，信頼性の高い通信を実現するためには，中間の通信が誤りのない信頼性の高いサービスを提供する必要がある．つまり，通信がエラーの処理をしたり，入れ違った順序を直したり，ネットワークの混雑を避けたりする必要がある．このため，集中型のデータ通信では，ネットワークに多くのコストがかかっていた．一方，インターネットは，両端のコンピュータがすべてを制御するしくみである．つまり，ネットワークが混雑したときの処理や，データが途中で壊れたときに再送してデータを復活させる処理，入れ違った順序を直す処理はすべての両端のコンピュータが処理する．これによってインターネットはデータ通信と比較して，はるかにコストがかからないため，急速に成長していった．

2.3　インターネットの歴史

インターネットは，1969 年の ARPANET からはじまったとされる．APRANET は，アメリカ国防総省高等研究計画局（ARPA）によって，図 2.2 のようにアメリカのカルフォルニア大学ロサンゼルス校，カルフォルニア大学サンタバーバラ校，ユタ大学，スタンフォード研究所という四つの組織をつないで構築された．当時の回線速度は 50 kbps であった．この ARPANET がネットワークの最初の実験であり，その後 1980 年代の CS（コンピュータサイエンスネットワーク）を経て，インターネットに発展した．

ARPANET はパケット交換というアイデアを最初に実用化したネットワークである．パケット交換とは，ひとまとまりの情報をパケットとよばれる小さなかたまりに区切って送る概念である．パケットのおかげで，1 本の回線を多数の利用者が共同で利用することが可能となった．また，1974 年には TCP/IP が提案され，1983 年には

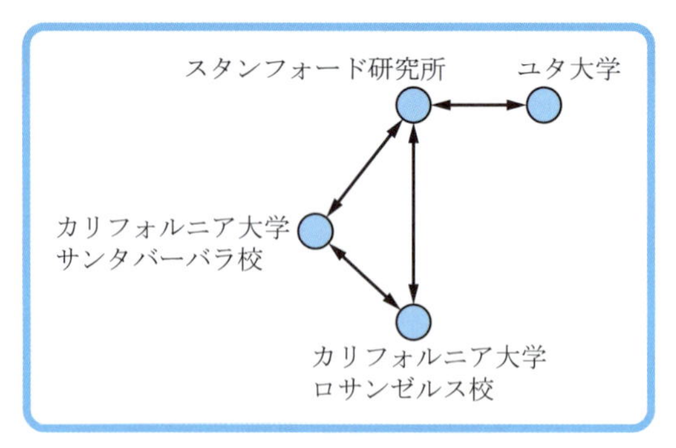

図 2.2 初期のARPANET

アメリカ国防総省に正式に認定された．そして，1990 年からのWWWの発展と，1993 年頃からのブラウザの普及によって，ユーザ数が急増し，インターネットの利用が爆発的に増えた．

2.4 パケット交換方式と回線交換方式

インターネットの基本的な考え方は，つぎのとおりである．

- コンピュータどうしを接続する経路を冗長にする．これにより，一つひとつのネットワークが不安定でも，システム全体として信頼性を高めることができる．
- ある経路が使えない場合には，別の経路に迂回して通信できるようにする．これにより，継続して通信できるようになる．
- 一つの回線を複数の利用者が効率的に使えるようにする．

これらを実現するために，2.3 節で説明したパケット交換方式が提案された．パケット交換方式は，図 2.3 のように，情報をパケットという単位に分割し，パケットによってコンピュータ間で情報を交換するものである．

パケット交換方式の利点は，ネットワークの障害に強いこと，資源の公平な共有を可能とすることである．通信中に経路の一部に障害が発生してその経路が使えなくなった場合，図 2.3(a)のように別の経路を迂回することで通信を継続することができる．また，パケット単位によって通信するため，図(b)のように一人の利用者が通信回線を占有してしまうことがない．また，図(c)のようにルータというネットワーク接続装置において，パケットをいったん蓄積して (store)，つぎのルータへ転送

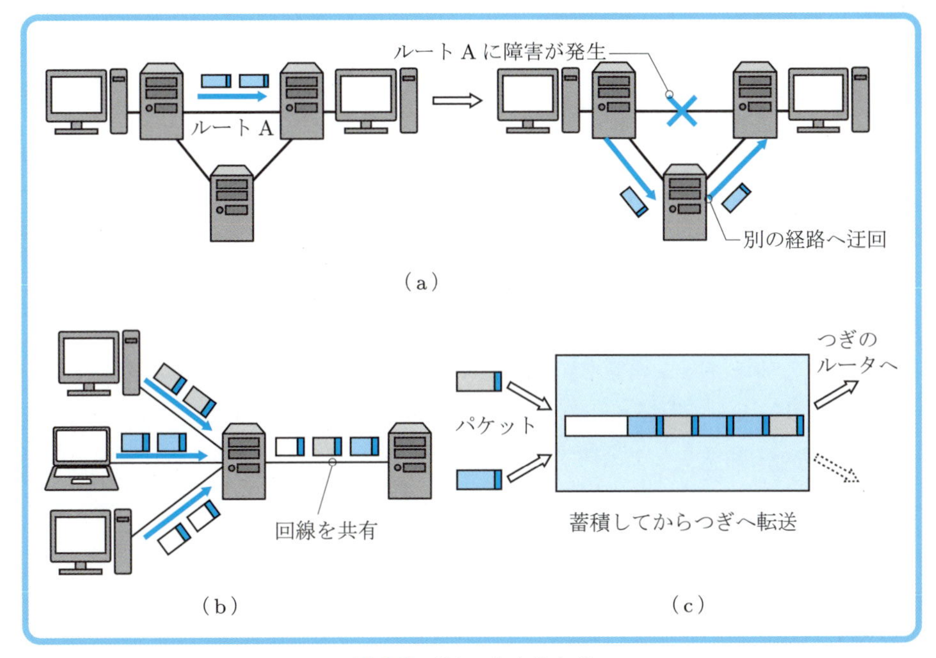

図 2.3 パケット交換方式

(forward) することから，ストアアンドフォーワード (store and forward) 方式ともよばれる．

一方，回線交換方式は電話網の通信方式である．図 2.4 のように，電話機と交換機とよばれる接続装置によって構成される．通信の単位は「呼 (call)」である．発信側の電話機から交換機に呼の要求があると，その要求をつぎの交換機に順次伝えていく．着信側の電話機までの回線が割り当てられ，発信側と着信側だけの専用の通信路が確保される．この通信回線は発信者と着信者が占有するので，ほかの利用者が使うことはできない．また，交換機は音声データを即座に転送するため，少ない遅延時間での転送が可能である．

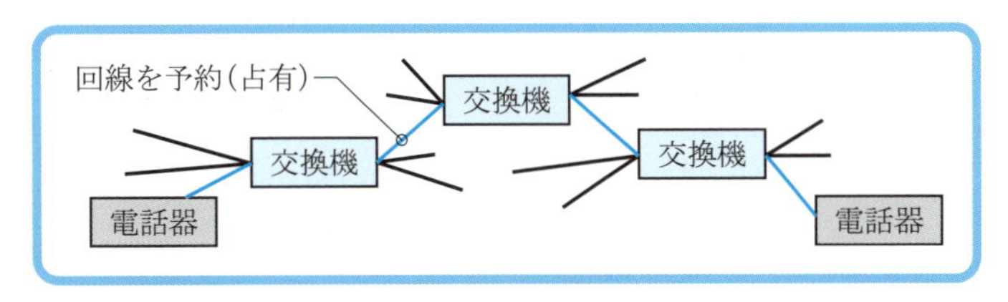

図 2.4 回線交換方式

2.5 RFC

インターネットの関連技術を標準化した文書は，RFC（request for comments）として管理されている．RFCは，ISOC（Internet Society）やIETF（The Internet Engineering Task Force）など，いくつかの関連組織によって作成され，管理されている．RFCはインターネットで公開されており，誰でも閲覧することができる．インターネットで使われる機器やアプリケーションの開発者は，RFCに基づいて開発を行わなければならない．

RFCはインターネットの標準に関する公式な文書である．RFCには，プロトコルの標準化を目的として記述された文書と，それ以外の内容を目的とした文書がある．RFCは最初から標準として公開するのではなく，プロトコルの標準化を目的としたRFCの場合，つぎの三つの過程を経て標準となる．

❶標準化への提唱

❷標準化への草稿

❸標準

RFCは，文書フォーマットについて細かな規定が設けられている．また，実装の要求レベルが設定されている．これはそのプロトコルを使ってアプリケーションを開発するときに，指針として利用される．

RFCは，「RFC」に続いて，数字が付与されて分類されている．たとえば，IPは「RFC791」，TCPは「RFC768」となっている．プロトコル以外の内容としては，ネチケットのガイドライン（RFC1855）やインターネットの歴史（RFC2235）などが作成されている．また，その時点で有効な標準は，RFCのなかで「Internet Official Protocol Standards」として定期的に更新され，公開されている．最新のRFCは，IETFのホームページ（http://www.ietf.org/rfc.html）から入手可能である．

本章のまとめ

1. インターネットは，世界中のすべてのコンピュータをつなぐネットワークである．
2. インターネットによって，世界中の利用者やコンピュータと自由にコミュニケーションができ，知識や情報の共有と交換ができる環境を利用できる．
3. インターネットの利点は，情報やデータだけでなく，PCのCPUなどの資源の共有が可能なことである.
4. インターネットは分散型によって運用されている.
5. インターネットの原型となったARPANETは，1969年に運用を開始した.
6. パケット交換方式は，情報をパケットという単位に分割し，パケットによってコンピュータ間で情報を交換するものである.
7. パケット交換方式の利点は，ネットワークの障害に強いことと，通信回線の公平な共有を可能とすることである.
8. インターネットの関連技術を標準化した文書は，RFCとして管理されている．RFCは公開されており，誰でも無料で入手することができる.

演習問題

2.1 インターネットの利点について簡単に説明せよ.

2.2 パケット交換方式について説明せよ.

2.3 RFCを入手して，現在のインターネットにおいて，どのプロトコルが利用されているかを調べよ.

3章 OSI参照モデルとTCP/IP

OSI参照モデルは，多種多様なネットワーク方式間と互換性があり，相互運用が可能な標準規格として提供されたモデルである．OSI参照モデルは階層構造をもっており，各階層には役割が決められている．ネットワークにつながった機器どうしが相互に通信できる条件は，同一のプロトコルを使うことである．われわれがさまざまな機器を使ってインターネットに接続できるのは，それらの機器がTCP/IPとよばれるプロトコルを使っているからである．本章では，OSI参照モデルと，インターネットで使われているプロトコルであるTCP/IPについて説明する．

Keyword　OSI参照モデル，階層化，PDU，カプセル化，TCP/IP

3.1 OSI参照モデル

1980年代初頭には，ネットワークの数と大きさが飛躍的に拡大した．企業は，ネットワークの利用によってコストを削減し，生産性を向上させることで，利益を上げられると考え，新しいネットワークの技術や製品が発表されるたびに，ネットワークを新設したり，既存のネットワークを拡張したりしてきた．

ところが，異なるメーカのコンピュータで構成すると，仕様や実装方法が異なるため，互いに通信できないという問題が発生した．そこで，1984年にISO（International Organization for Standardization：国際標準化機構）が行った市場で使われているネットワークの方式や実装の調査に基づき，世界中にある多種多様なネットワーク方式間と互換性があり，相互運用が可能な標準規格としてOSI参照モデルを作成した．

OSI参照モデルは，表3.1のように，階層構造をもっている．階層化することで，通信機能を体系的に整理し，将来の機能拡張にも対応しやすくなる．階層化の利点を以下にまとめる．

- インターフェイスの標準化

表 3.1　OSI参照モデル

階　層	名　称	PDU
7	アプリケーション	データ
6	プレゼンテーション	
5	セッション	
4	トランスポート	セグメント
3	ネットワーク	パケット
2	データリンク	フレーム
1	物理	ビット

- モジュール化の推進
- 技術進歩への対応
- 学習のしやすさ

階層構造では，送信側と受信側で同じ階層どうしが通信する．ある階層（第 N 層）は，それよりも上位の第 $N+1$ 層に対してサービスを提供する．階層どうしで交換するメッセージの基本単位をPDU（protocol data unit）とよぶ．

3.2　各層の機能と役割

3.2.1　物理層

物理層の役割は，物理的な通信回線上でビットを送受信することである．図 3.1 のように，送信側の物理層は，データリンク層から渡された「0」と「1」のディジタル信号を電気信号に変換し，受信側の物理層は受け取った電気信号をディジタル信号に変換する．また，物理層は，ケーブルなどのメディアの特性，ケーブルの両端のコネクタの形状や電気的な特性などの規定を担当する．LAN ケーブルの最大長や帯域

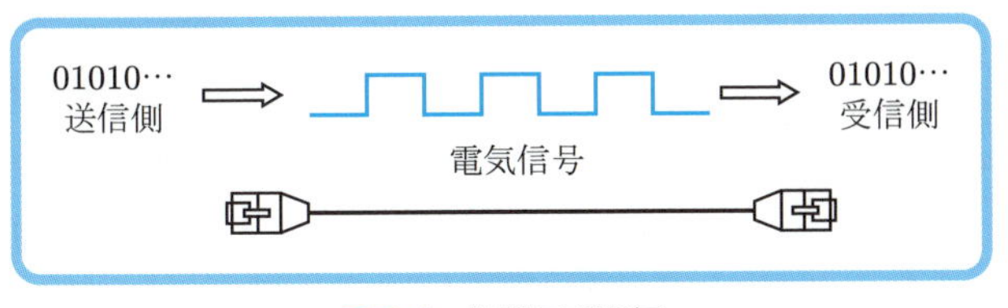

図 3.1　物理層の通信

幅などは，すべて物理層で規定されている．

物理層で使われる機器には，LANケーブルなどのメディアのほかに，リピータ，ハブなどがある．

3.2.2 データリンク層

データリンク層の役割は，一つの回線に接続されている隣接する機器間で，信頼性の高い通信を提供することである．つまり，データを正しく送受信するための機能を提供する．物理層が伝送するデータは，0と1の羅列であり，これだけでは意味を伝えることができない．そこで，データリンク層ではデータの開始や終了を示す方法，データが正しいかどうかを確認する方法，エラー検出や回復の方法などを決めている．また，データリンク層では物理アドレスを扱うことで，ネットワーク内のどのコンピュータが目的のコンピュータかを識別できる．

データリンク層の重要な機能の一つはフレーム化である．これは送受信するデータをフレームとよばれる単位に分割し，フレーム単位で通信するために使用する．フレームは，フレームの開始や終了を示すフラグや，物理アドレス，データ，誤り訂正のためのチェックサムなどで構成されている．フレームの詳細は5章で説明する．

さらに，ホストがケーブルなどのメディアに対して，どのような方法，手順でアクセスするかを規定したメディアアクセス制御もデータリンク層の役割である．

データリンク層で使われる機器には，NIC（ネットワークインターフェイスカード），ブリッジ，スイッチがある．図3.2にデータリンク層の通信のイメージ図を示す．

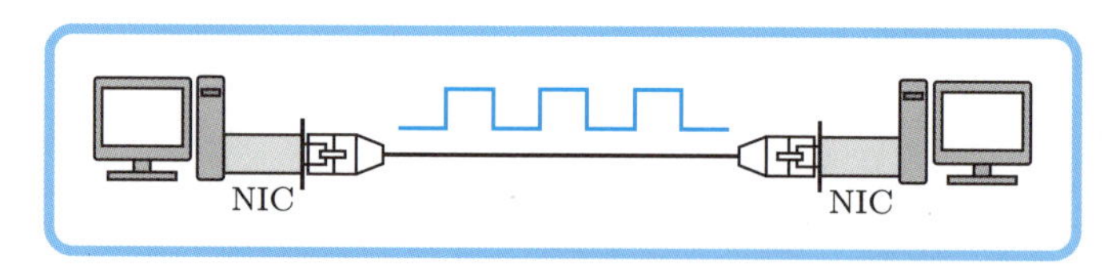

図3.2 データリンク層の通信

3.2.3 ネットワーク層

ネットワーク層の役割は，異なるネットワーク上にあるホスト間でのパケットの伝送である．ホストからホストへパケットを運ぶ場合，複数の経路があるときには，どの経路を通って相手に届けるかを決定する必要がある．これを経路選択という．そして，経路選択のための制御がルーティング（経路制御）である．ネットワーク層では，一つひとつのパケットにあて先を示す情報をつけて，データリンク層に渡す．このあて先を示す情報は論理アドレスとよばれる．ネットワーク層では，論理アドレスに基づいて経路選択を行う．ネットワーク層の通信は，確実に届くことを保証するものではない．ネットワーク層で使われる機器にはルータがある．図 3.3 に，ネットワーク層の通信のイメージ図を示す．

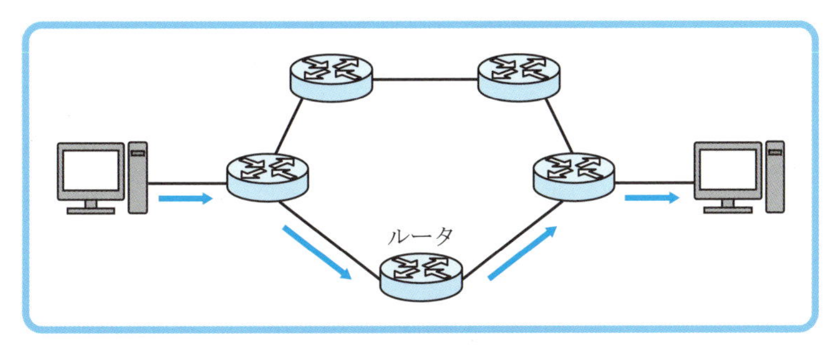

図 3.3 ネットワーク層の通信

3.2.4 トランスポート層

トランスポート層の役割は，ホスト間において信頼性の高い通信を保証することである．信頼性の高い通信を保証するために，コネクション（仮想回線）の確立，エラーの検出と回復，フロー制御，順序制御を行う．このように，コネクションを確立してからデータを転送することをコネクション型通信という．図 3.4 に，コネクション型通信のイメージ図を示す．また，ホスト上で動作しているアプリケーションを識別するためのポート番号を扱うのも，トランスポート層の重要な機能である．

信頼性を保証するための制御を必ず使う必要はなく，アプリケーションによって，コネクションを確立せず，信頼性を保証しない通信を選ぶこともできる．

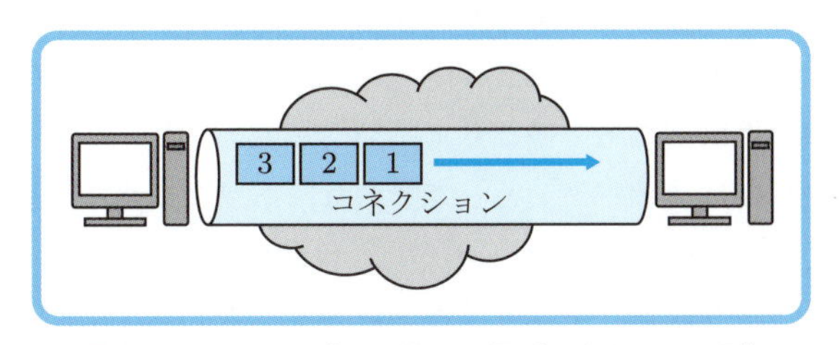

図 3.4 トランスポート層の通信（コネクション型）

3.2.5 セッション層

セッション層では，ホスト上で動作しているアプリケーション間でのセッションの確立，維持，終了を制御するための機能を提供する．セッションの確立，維持，終了を制御することをダイアログ制御とよぶ．ダイアログとは通信の履歴であり，中断した通信を再開する場合などにおいて，どこまでさかのぼればよいか，どこから開始するかなどがわかる．

3.2.6 プレゼンテーション層

プレゼンテーション層は，文字コード，フォーマット，構造などのデータの表現に関係する形式を定義している．受信したデータが文字化けなどを起こさないように，共通の表現形式を定義し，通信するアプリケーションどうしが理解できる形式に変換する．また，データの圧縮，暗号化も定義している．

3.2.7 アプリケーション層

アプリケーション層は，アプリケーション固有の通信サービスの機能を定義する．アプリケーション層のプロトコルは，ユーザが利用するアプリケーションごとに存在する．代表的なアプリケーションプロトコルとして，遠隔ログインで使用されるTELNET，ファイル転送で使用されるFTP，WWWで使用されるHTTP，電子メールシステムで使用されるSMTPやPOPがある．また，さまざまなアプリケーションが共通的に用いるDNS，SSLなどもある．

3.3 カプセル化のしくみ

電子メールを例にとり，階層構造によるカプセル化のしくみについて説明する．

図3.5のように，電子メールの送信者は，まず，メーラ（アプリケーション）を使って，電子メールを作成する．このとき，階層構造のアプリケーション層からセッション層では電子メールは「データ」として扱われ，トランスポート層に渡される．

「データ」を受け取ったトランスポート層は，受け取った「データ」を通信に適するように成形する．成形された「データ」を「セグメント」とよぶ．

「セグメント」はネットワーク層に渡され，先頭にパケットヘッダをつけて「パケット」を作成する．パケットはデータグラムともよばれる．パケットヘッダには，パ

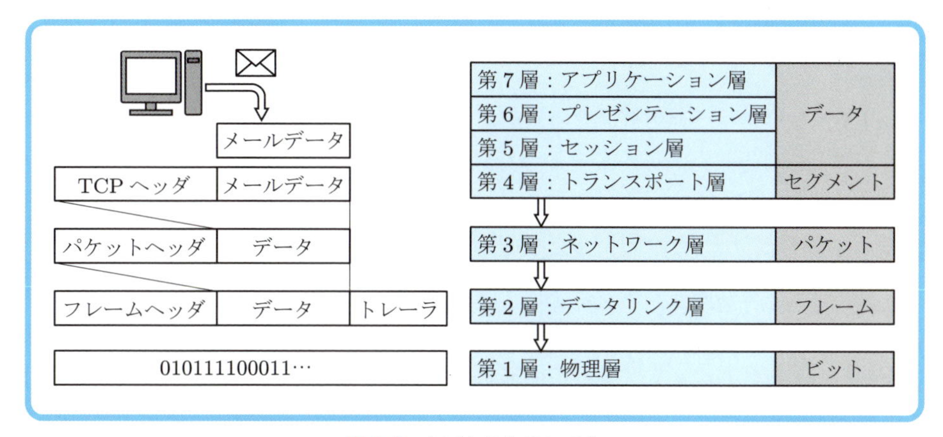

図 3.5 カプセル化のしくみ

ケットのあて先を示すあて先アドレスや送信元を示す送信元アドレスなどが記載されている．このあて先アドレスと送信元アドレスには論理アドレスが使われる．

つぎに，パケットはデータリンク層に渡される．データリンク層では，パケットをフレームヘッダとトレーラによって成形し，「フレーム」を作成する．フレームヘッダには，フレームのあて先を示すあて先アドレス，フレームの送信元を示す送信元アドレスなどが記載されている．フレームにおけるアドレスには物理アドレスが用いられる．トレーラには，エラーを検出する情報が記載されている．

最後に，フレームは物理層に渡され，「0」と「1」の「ビット列」に変換される．一つひとつのビットは，伝送に使うメディアよって，電圧や光に変換される．たとえば，電圧によってビットを伝送する同軸ケーブルの場合には，電圧の強弱によって 0 と 1 を表す．光を伝送する光ケーブルの場合には，光の強弱または ON/OFF によって 0 と 1 を表す．以上の送信側のプロセスをカプセル化とよぶ．

物理層においてビットに変換された電子メールは，同軸ケーブルや光ケーブルなどのメディアによって，受信側に伝送される．受信側に届いたビットは，データリンク層に渡されて「フレーム」として成形される．フレームはネットワーク層に渡されるときに，フレームヘッダとフレームトレーラを取り除き，パケットとなる．ネットワーク層に渡されたパケットはパケットヘッダを取り除かれ，トランスポート層に渡って，セグメントを成形する．セグメントはさらに上位層に渡され，最後に受信側のメーラによって電子メールとして利用される．以上の受信側のプロセスを非カプセル化とよぶ．

3.4 TCP/IP

OSI参照モデルは，通信機能を階層的に分割することによって，異機種間の相互運用性の向上を目指した通信のモデルである．OSI参照モデルはネットワークのアーキテクチャを考えるうえで非常に有用であるが，現実にはOSI参照モデルに基づくプロトコルは少なく，TCP/IPモデルに基づくプロトコルが使われることが多い．

ネットワークを学習する場合，ネットワークのアーキテクチャを理解するためにはOSI参照モデルに従い，プロトコルの実例はTCP/IPモデルに基づいて説明される場合が多い．本書においても，実際に使用するプロトコルはTCP/IPモデルに基づくものを扱う．

TCP/IPは，インターネットにおける標準プロトコルとして使われている．TCP/IPプロトコルスタックとは，TCP（transmission control protocol）とIP（internet protocol）を中心としたプロトコルの集まり（プロトコル群）である．図3.6にTCP/IPの初期モデルと改訂モデルを示す．図（b）のTCP/IP改訂モデルが，現在一般的に使用されているモデルである．TCP/IP改訂モデルは，「物理層」，「データリンク層」，「ネットワーク層」，「トランスポート層」，「アプリケーション層」という五つの階層から構成されている．

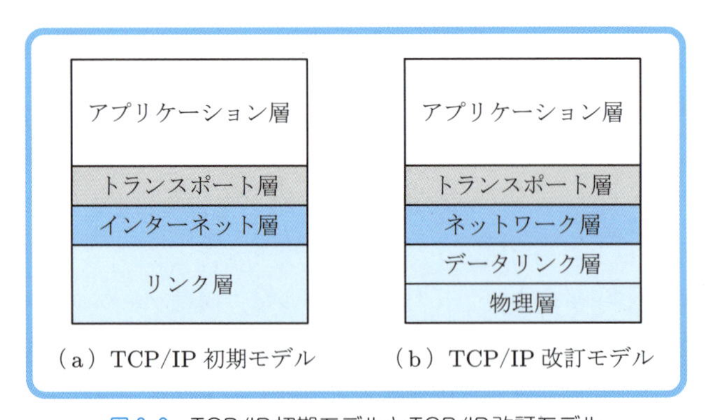

図3.6 TCP/IP初期モデルとTCP/IP改訂モデル

「ネットワーク層」の役割は，OSI参照モデルの「ネットワーク層」の役割と同じく，異なるネットワーク上にあるノード間の通信を実現することである．ネットワーク層のプロトコルとしては，IP以外にもいくつかのプロトコルが定義され，使用されている．たとえば，ICMP（internet control protocol），ARP（address resolution protocol）などがある．IPには，IPv4（バージョン4）とIPv6（バージョン6）が使われている．IPv4はこれまでに広く使われてきたプロトコルであるが，アドレスの枯渇などの問題から，アドレス空間を増大させてセキュリティ機能などを追加したIPv6が使われはじめている．これらの詳細については，7章で説明する．また，インターネット層では，IPアドレスを扱う．

本章のまとめ

1. OSI参照モデルは，多種多様なネットワーク間で相互運用できるネットワークのモデルである．
2. OSI参照モデルは7階層構造であり，階層ごとに役割が決められている．
3. 階層どうしで交換するメッセージの基本単位をPDUとよぶ．
4. ネットワーク経由でデータを送信するとき，データは，OSI参照モデルの各層でプロトコル情報とともにカプセル化される．
5. TCP/IPは，インターネットで使用されているプロトコルである．

演習問題

3.1 OSI参照モデルの図を作成し，各階層の役割について簡単に説明せよ．
3.2 各階層のPDUを述べよ．
3.3 カプセル化の手順について簡単に説明せよ．
3.4 インターネットで使用されているプロトコルの種類と特徴について，簡単に説明せよ．

4章 物理層

物理層の目的は，通信データを電気信号や光に変換して，メディア内を伝送させることである．物理層では，メディアの特性，コネクタの形状，通信データと電気信号の変換方式や電圧などの仕様を定義している．本章では，ネットワークのメディアと，物理層で動作する機器について説明する．

Keyword 同軸ケーブル，ツイストペアケーブル，UTP，光ケーブル，無線LAN，ノイズ，リピータ，4リピータルール，ハブ

4.1 同軸ケーブル

図4.1のように，同軸ケーブルは，1本の銅の芯線を樹脂製の被膜で保護したケーブルで，コストは安価である．1本のケーブルの最大長は，500 m（10BASE5），185 m（10BASE2）であり，4.2.1項で説明するUTPより長い．図に示す銅の網線シールドは，ノイズからの保護を目的としている．帯域幅は10 Mpbs（10BASE5,2）であり，現在の基準では低速なメディアである．

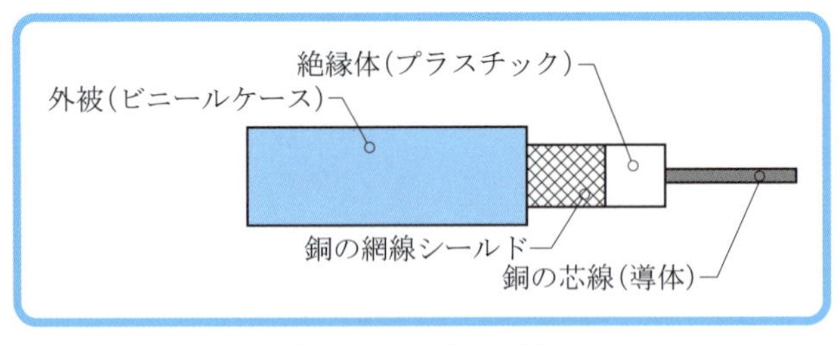

図4.1 同軸ケーブル

4.2 ツイストペアケーブル

ツイストペアケーブルは，複数のケーブルを2本ずつのペアにして，各ペアを撚る（よる）ことで，ノイズからの影響を軽減したケーブルである．ツイストペアケーブルにはUTPとSTPがある．コネクタはRJ-45とよばれる形式を使用する．ツイストペアケーブルには，ストレートケーブルとクロスケーブルの二種類があり，接続する機器によって使い分ける．

4.2.1 UTP

UTP（unshielded twist pair cable）は，非シールド撚り対線ともよばれる．現在，もっとも広く普及しているケーブルで，5章で述べるイーサネットで用いられる通信ケーブルである．図4.2のように，UTPは，シールドで保護されていないため安価であり，ケーブルが細いため設置が容易であるという利点がある．そのため，一般のオフィスや家庭で広く使われている．8本のケーブルを2本ずつのペアにして各ペアを撚ることで，2本のケーブルに入るノイズが，互いに打ち消しあって，ノイズを軽減する．一方で，シールドで保護されていないため，外からのノイズの影響を受けやすいという欠点がある．UTPの代表的な規格を表4.1に示す．

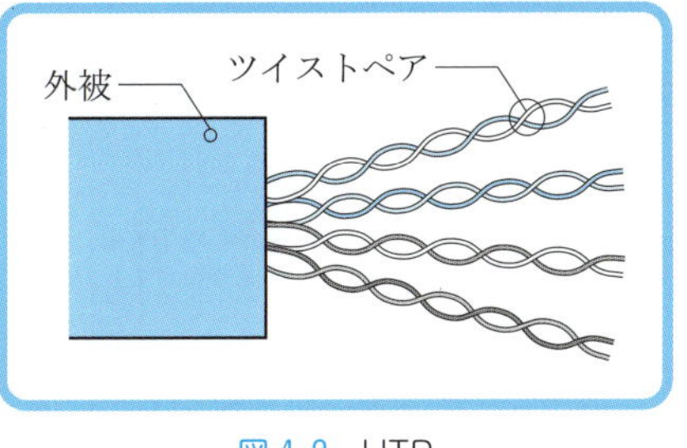

図4.2 UTP

表4.1 UTPの規格

規　格	帯域幅	1本の最大長［m］
10BASE-T	10 Mbps	100
100BASE-TX	100 Mbps	100
1000BASE-T	1 Gbps	100

4.2.2 STP

STP（shielded twist pair cable）は，シールドつき撚り対線ともよばれる．図4.3のように，2本ずつのペアごとに箔シールドで保護し，さらに2組のペアごとの銅の網線シールドで保護することでノイズの影響を受けないようにしている．シールドつきのため，UTPよりもコストがかかるが，ノイズの影響を受けにくいため，工場や作業現場などのノイズの多い場所で広く利用されている．非常に固く，取りまわしが

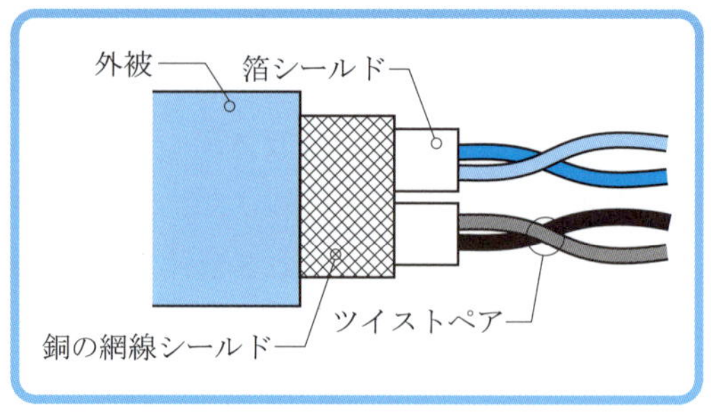

図 4.3　STP

難しいという欠点がある．また，シールドの両端のジャック（RJ45）で接地が必要で，正しく接地しないと逆にノイズの影響を受けるという問題がある．また，UTPとSTPの中間的な仕様のScTPも使われる．

4.2.3　RJ45のピン配置

図4.4にRJ45のピン配置を示す．ピン1，2で送信し，ピン3，6で受信する．8本のツイストペアケーブルは色で識別できる．どのピンに何色のケーブルを接続するかは規格で決まっており，TIA/EIA 568Aと566Bとよばれる二つの規格が使われる．市販ケーブルの多くは568Bで作成されている．各ピンの配置を図4.5に示す．

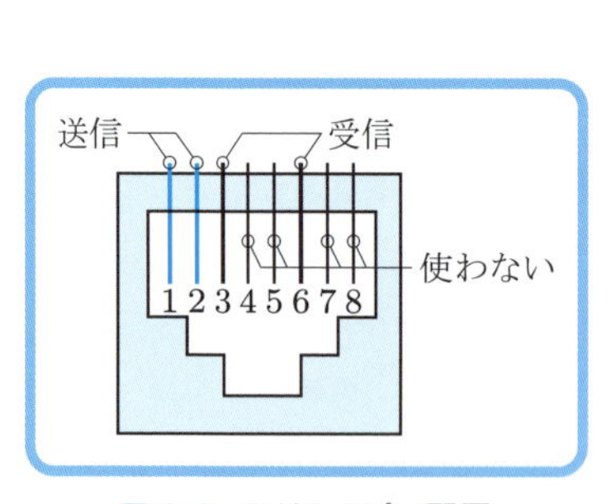

図 4.4　RJ45のピン配置

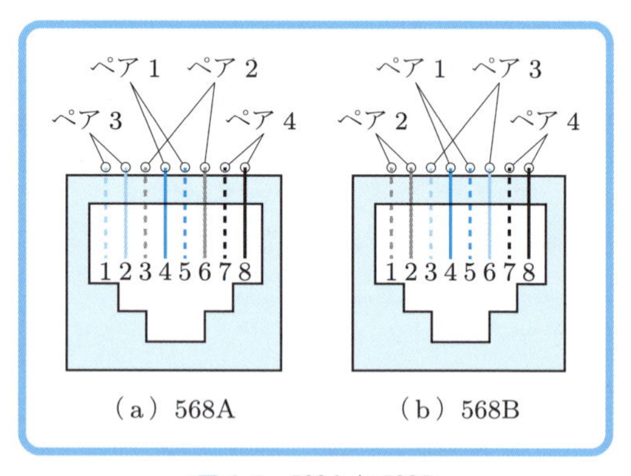

図 4.5　568Aと568B

4.2.4　ストレートケーブル

図4.6のように，ケーブルの両端を同じ規格で作成したものをストレートケーブルとよぶ．ストレートケーブルは，以下の機器を接続するときに使用する．

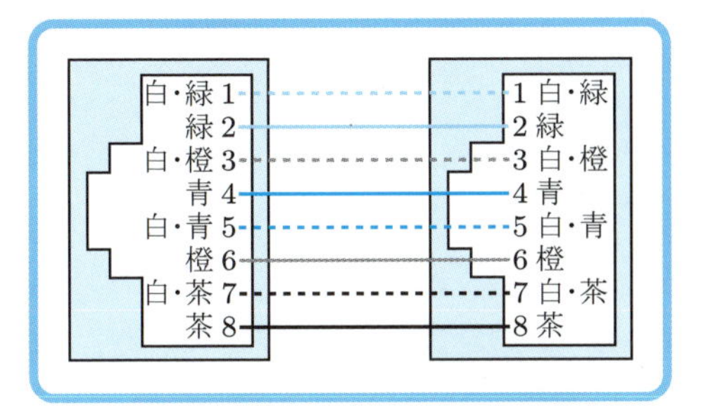

図 4.6　ストレートケーブル（568A）

- スイッチとルータ
- スイッチとPC
- ハブとPC

4.2.5　クロスケーブル

ケーブルの両端を異なる規格で作成したものをクロスケーブルとよぶ．図 4.7 のように，1 番と 3 番，2 番と 6 番の各ペアを入れ替えたものとなる．一端を 568A で作成し，もう一端を 568B で作成すればよい．クロスケーブルは，以下の機器を接続するときに使用する．

- スイッチとスイッチ
- スイッチとハブ
- ハブとハブ
- ルータとルータ
- PCとPC
- ルータとPC

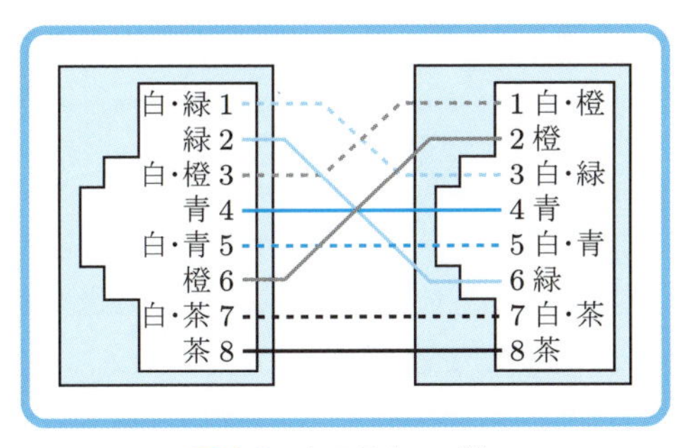

図 4.7　クロスケーブル

4.3 光ケーブル

光ケーブル（光ファイバケーブル）は，現在急速に普及しており，今後の主流となる通信ケーブルである．光ケーブルは，UTPなどと比較すると，取り扱いが困難で価格も高いため，一般のオフィスや家庭において直接PCに接続するといった使い方はされない．光ケーブルの以下の特徴から，オフィスや大学のフロア間，建物間などにおいて広く使用されている．

- 広帯域，高速ネットワークの実現
- 長距離通信
- 高い耐ノイズ性

光ケーブルは，広帯域で長距離通信を可能とするため，都市間，大陸間を接続するWANにおいても使われている．

さらに，光ケーブルの材質はガラスファイバで電気信号を流さないため，ノイズの影響を受けることがなく，屋外における落雷の心配もない．

図4.8に光ケーブルの構造を示す．中心にあるコアとよばれる部分で光信号を伝送する．コアの材質はガラスファイバであり，光の屈折率が高いものが使用される．コアを包むように配置されている部分はクラッドとよばれる．クラッドの材質もガラスファイバであるが，コアとは異なり，光の屈折率の低いものが使用される．コアとクラッドの屈折率の違いから，光信号はコアとクラッドの境界面で反射しながら，受信側に到達する．

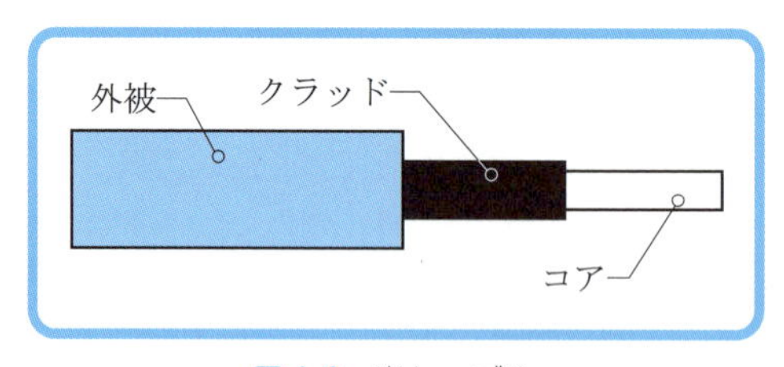

図4.8 光ケーブル

光ケーブルには，シングルモードとマルチモードという二つのモードがある．二つのモードの違いは，コア径と光信号の光源である．その特徴を表4.2に比較して示す．マルチモードでは，複数の波長による多重通信を行うため，光源としてLEDが使用される．

表 4.2　シングルモードとマルチマード

モード	コア径	光　源
シングルモード	小	レーザ
マルチモード	大	LED

4.4 無線LAN

ケーブルを使う有線LANに対して，電波を使って通信する方法が無線LANであり，最近普及してきている．図 4.9 に無線LANの利用例を示す．無線LANでは，無線LANの親機であるアクセスポイントとよばれる装置と，PCに接続した無線LAN子機が電波を使って通信する．無線LAN子機には，PCに内蔵されているものや，カード型やUSB型のものがある．

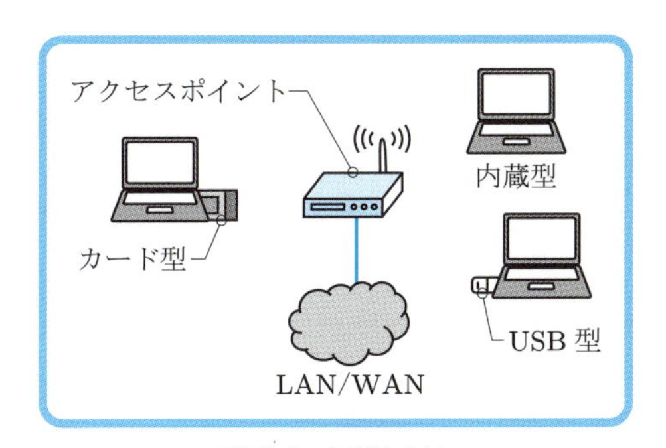

図 4.9　無線LAN

無線LANの規格はIEEE802.11 として制定されている．その規格にはいくつかの種類がある．表 4.3 に代表的な規格を示す．IEEE802.11 規格に準拠した装置で，装

表 4.3　無線LANの規格例

規　格	通信速度［Mbps］	無線周波数［GHz］
IEEE802.11b	11	2.4
IEEE802.11a	54	5
IEEE802.11g	54	2.4
IEEE802.11n	600	2.4

置間での通信の互換性が保証された製品をWi-Fi（wireless fidelity：ワイファイ）とよぶ．Wi-Fiによって，異なるメーカの製品間での通信が保証されるため，さまざまな機器がさまざまなアクセスポイントに接続できるようになった．

家庭やオフィス内での使用だけでなく，最近では，駅や空港，コンビニエンスストア，ファストフード店，飛行機の機内，新幹線の車内でもWi-Fiのアクセスポイントが設置されるようになってきた．

4.5　電気信号を使用するケーブル上で発生する現象

ここでは，電気信号を使用するケーブル上で発生するいくつかの現象について説明する．これらの知識は，通信の障害が発生したときの参考になる．

4.5.1　ノイズ

ノイズは，ネットワークケーブルにとって好ましくない電気信号であり，誤りのない通信の妨げになる．送信側から正確な矩形波のディジタル信号が送信されたとしても，経路の途中でノイズによる影響を受けると，ノイズが加わった乱れた信号となる．この結果，図4.10のように，その信号を受け取ったコンピュータでは誤った信号とし

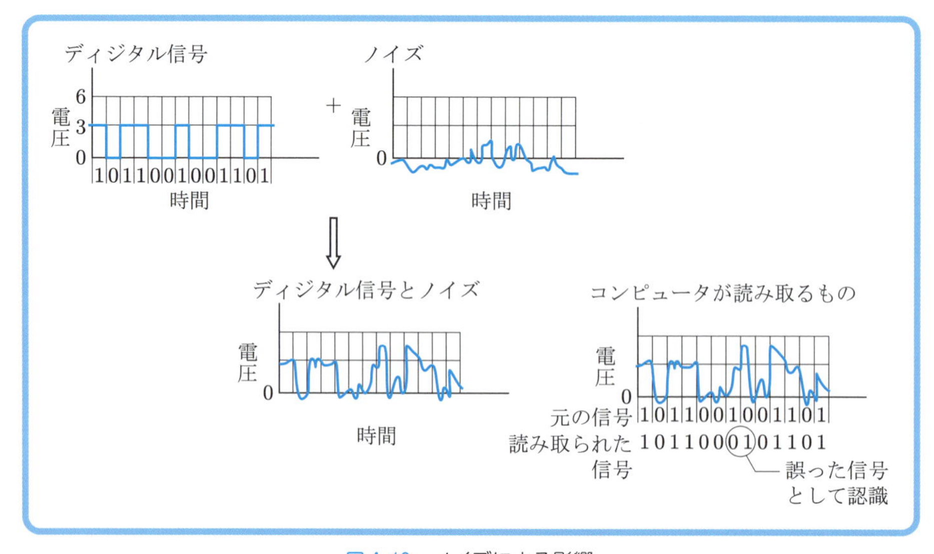

図4.10　ノイズによる影響

て認識される．このように，ノイズはネットワークにとって迷惑な電気信号である．

ノイズの発生源として以下のものがあげられる．

- 近隣の電源ケーブルや通信ケーブル
- モーターなどの電気で駆動するもの
- 無線機などの電波を発生するもの
- 蛍光灯など

ノイズの発生源はどこにでもあるため，ネットワークのケーブルを敷設するときには，これらの影響を受けないように注意する必要がある．

4.5.2 減 衰

ネットワークのケーブルは電気信号を伝達する．ネットワークを正常に動作させるためには，正確な電気信号を与え，それが受信側まで届かなければならない．ところが，ケーブル上では減衰という現象が発生してしまう．これは送信側で正確な電気信号を送出しても，電気信号の強度がケーブルを伝送する間に下がって，受信側に届くことをいう．図 4.11 に減衰による影響を示す．電気信号が弱って届くと，ノイズの影響を受けやすくなるなどの影響があり，ネットワークの正常な動作の妨げになる場合がある．

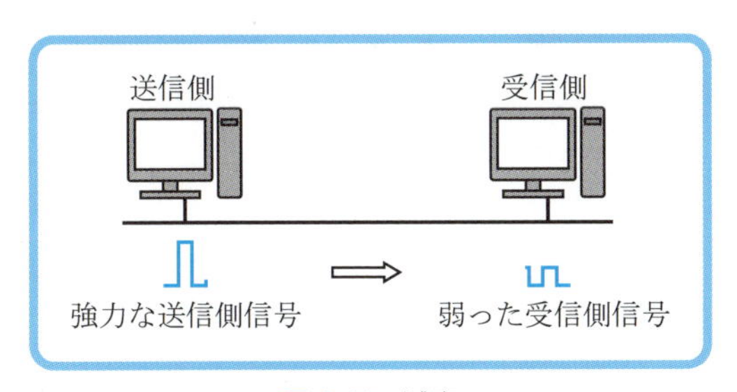

図 4.11 減衰

減衰はネットワークのケーブルの抵抗やケーブルの長さによって発生する．ケーブルには少なからず抵抗がある．このため，ケーブル長が長くなれば，抵抗も大きくなって減衰も大きくなる．したがって，ケーブル長は敷設する環境に合わせた適切な長さがよい．

4.5.3 反 射

ケーブルを流れる電気信号が，物理的な特性の異なる不連続面に当たると，その一部の信号が反射し，電気信号が弱くなる．ネットワークケーブルにおける不連続面は，インピーダンスの不整合な部分である．インピーダンスの不整合が発生しやすい場所としては，ケーブルとコネクタのインピーダンスの値が合っていない場所が考えられる．反射をなくす，または小さくする対策としては，インピーダンスを合わせて不整合をなくすことである．

4.5.4 クロストーク

クロストーク（漏話）とは，あるケーブルから別のケーブルへ信号が伝わることである．クロストークには，信号の受信側の近くで発生する近端クロストーク（NEXT）と，遠くで発生する遠端クロストークがある．このうち，ネットワークにとって伝送品質に大きな影響を与えるのは，近端クロストークである．図 4.12 に近端クロストークのイメージ図を示す．近端クロストークは，平行して走るケーブルに，反対向きに信号を伝える場合に，問題となる現象である．図に示すように，送信側の減衰していない強い信号が，受信側の減衰した信号に伝わるため，伝送品質に大きな影響を与える．

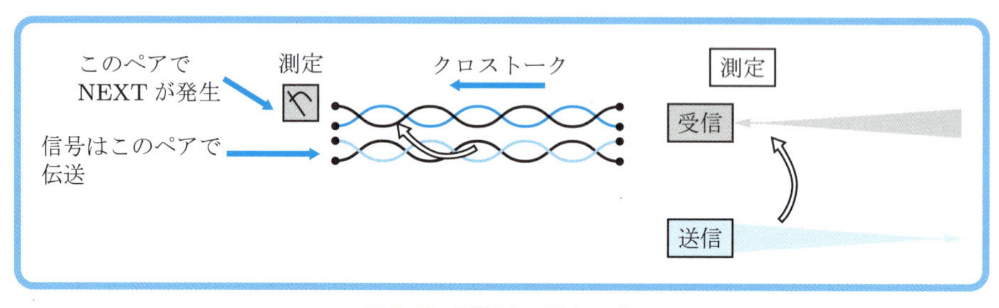

図 4.12 近端クロストーク

4.6 物理層の機器

ここでは，ネットワーク機器のうち，物理層の機器に分類されるリピータとハブについて説明する．

4.6.1 リピータ

ケーブルには最大の伝送距離が規格によって決められている．ところが，実際の運用において，最大伝送距離を超えて機器を接続したい場合がある．このとき，リピータを使用するとネットワークの距離を拡張することが可能となる．リピータは，減衰した電気信号を増幅し，出力する機能をもっている．図 4.13 のように，2 本のケーブルの間にリピータを挟むことで，ケーブルの最大伝送距離を超えたネットワークの構築が可能となる．

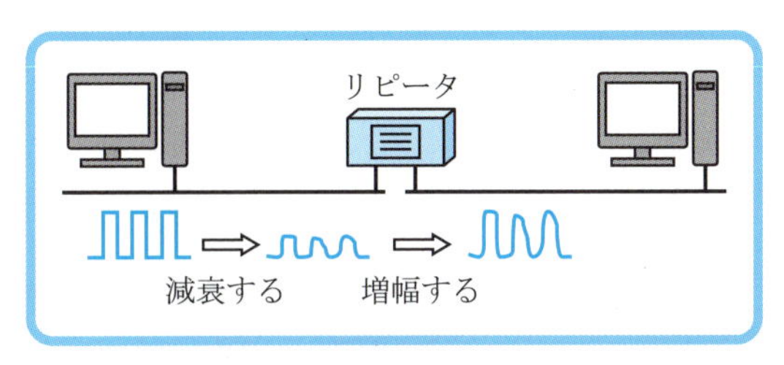

図 4.13　リピータによるネットワークの拡張

リピータは，2 本のケーブルの間に挟むことでケーブルの最大伝送距離を超えたネットワークの構築を可能とするネットワーク機器である．しかし，接続できる台数には制限がある．このルールを，4 リピータルールとよぶ．これは，リピータによって接続できるネットワークケーブルの最大数を表したものである．図 4.14 のように，4 台のリピータで 5 本のケーブルを接続することが可能である．ただし，5 本のケーブルのうち，ホストを接続してよいケーブルは 3 本だけで，ほかの 2 本はリンクであり，リピータ間を接続するだけのケーブルとして使用する．リンクにはホストを接続することはできない．4 リピータルールを超えたネットワークは通信できる保証がない．

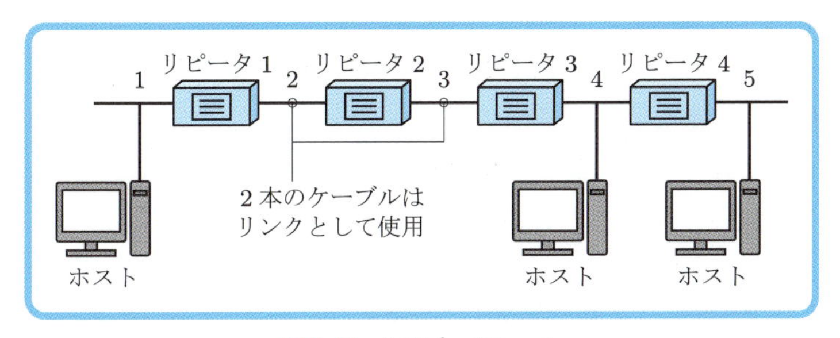

図 4.14　4 リピータルール

4.6.2　ハ　ブ

ハブはリピータと同様に，受信した電気信号を増幅し，ほかのポートへ出力する．

ハブを利用することでもネットワークの拡張が可能である．ハブとリピータの違いはポートの数である．ハブは別名をマルチポートリピータとよばれ，複数のポートをもっている．ポートとはケーブルを接続するソケットを指す．ハブにはダムハブやインテリジェントハブなどの種類がある．ダムハブは，受信した信号をすべてのポートに出力するものでリピータハブとも呼ばれる．インテリジェントハブは，ネットワーク管理機能を搭載した高機能なハブである．図 4.15 のように，ハブを使ったネットワークはスター型トポロジとなる．

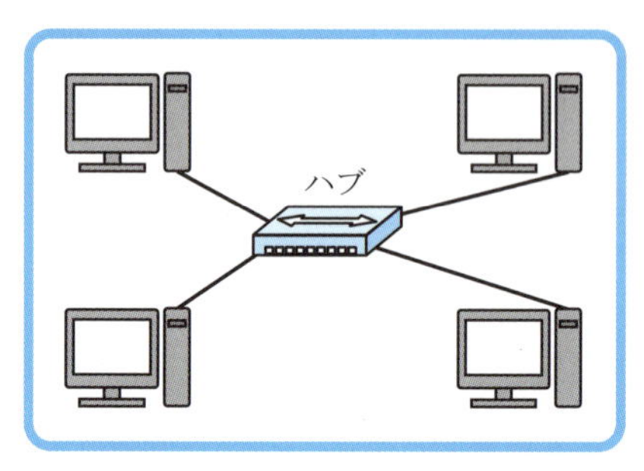

図 4.15 ハブによるスター型トポロジ

本章のまとめ

1. 物理層の目的は，通信データを電気信号や光に変換して，メディア内を伝送させることである．
2. 同軸ケーブルは，1 本の銅線が芯線となっており，それを樹脂製の被膜が保護している．
3. ツイストペアケーブルは，複数のケーブルを 2 本ずつのペアにして，各ペアを撚ることで，ノイズの影響を軽減するものである．
4. UTP は，非シールド撚り対線ともよばれ，現在もっとも広く普及しているケーブルである．
5. RJ45 は 8 ピンのうち，ピン 1，2 で送信し，ピン 3，6 で受信する．
6. ストレートケーブルは，両端を同じ規格で作成したケーブルである．
7. クロスケーブルは，両端を異なる規格で作成したケーブルである．
8. 光ケーブルは，ガラスファイバを材料としたケーブルであり，高速な長距離通信を実現する．
9. 無線 LAN は電波をメディアとして利用する．

10. 近端クロストークは，クロストークのうち，伝送品質に大きな影響を与えるものである.
11. リピータはネットワークの延長を可能とする機器である.
12. 4リピータルールとは，リピータによって拡張できるネットワークの制限に関するルールである.
13. ハブは複数のポートをもつ，ネットワークの拡張を可能とする機器である.

演習問題

4.1 UTPについて説明せよ.

4.2 ストレートケーブルはどの機器間の接続に使うかを答えよ.

4.3 クロスケーブルはどの機器間の接続に使うかを答えよ.

4.4 光ケーブルがノイズの影響を受けない理由について説明せよ.

4.5 ノイズがネットワーク通信において問題となる理由について説明せよ.

4.6 リピータの機能について説明せよ.

5章 データリンク層

データリンク層のPDUはフレームである．データリンク層は，高信頼性通信の実現や物理アドレッシングなどの役割をもつ．つまり，同一メディア内で直接接続された複数の機器どうしでフレームを受け渡すことである．コンピュータを識別し，目的のコンピュータを特定してデータを伝送する．このために，データのあて先や送信元を識別する．また，データリンク層では，エラーが発生した場合の処理や，エラーからの回復の手順が決められている．

Keyword　MACアドレス，ブリッジ，スイッチ，VLAN，LLC副層，MAC副層，イーサネット，フレーム，コリジョンドメイン，CSMA/CD

5.1 MACアドレス

データリンク層で扱うアドレスは物理アドレスとよばれる．物理アドレスとして，実際に使用されるのがMACアドレス（media access control address）である．MACアドレスは，ネットワーク機器の識別子としての役割をもっている．MACアドレスは，世界中で重複しないように，NICのROMメモリ上に割り当てられている．

図5.1のように，MACアドレスは48ビット長である．前半24ビットは，NICを製造した製造メーカに割り当てられたベンダーコードを表す．ベンダーコードはOUIとよばれ，IEEEによって管理されている．ベンダーコードの例を表5.1に示す．後半24ビットは，製造メーカにおいて重複しないように割り当てるシリアル番号である．これにより，世界中のNICは，すべて一意のMACアドレスをもつことが可能と

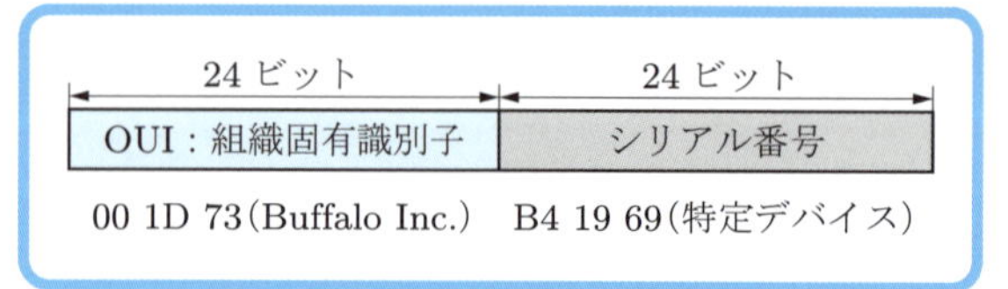

図5.1　MACアドレスの構造

表 5.1 ベンダーコードの例 [http://standards.ieee.org/develop/regauth/oui/oui.txt を参考に作成]

ベンダーコード（16 進数）	組織名
00-00-00	XEROX CORPORATION
00-00-0A	OMRON TATEISI ELECTRONICS CO.
00-00-0C	CISCO SYSTEMS, INC.
00-00-0E	FUJITSU LIMITED
00-03-93	Apple

なる．MACアドレスは，2桁あるいは4桁ずつ「: (コロン)」または「- (ハイフン)」で区切った16進数で表される．

48ビットがすべて1，すなわちFF-FF-FF-FF-FF-FFのMACアドレスは，ブロードキャストアドレスである．同じフレームを，同じセグメント内のすべてのNICにいっせいに送信したいときのあて先アドレスとして使用される．

5.2 データリンク層の機器

ここでは，データリンク層の機器であるブリッジとスイッチについて説明する．

5.2.1 ブリッジ

ブリッジはリピータと同様に，メディアどうしを接続し，ネットワークの延長を可能とする中継装置である．物理層のリピータは電気信号を転送するだけであるのに対して，データリンク層のブリッジは，伝送されるフレームを解読して，必要なフレームのみを中継する．中継の際，ブリッジはフレーム内に誤りを含まない正しいフレームだけを転送し，正しくないフレームは廃棄する．また，リピータと異なり，距離の制約がない．

ブリッジは，フレームの中継を判断するために，出力ポート番号とそのポート側に接続されているホストのMACアドレスの対応表を管理している．フレームを受け取ると，送信元アドレスとあて先アドレスを調べ，あて先MACアドレスがどのポートに接続されているかをテーブルで判断する．そして，転送するポートを認識すると，関連するポートだけにフレームを転送する．図5.2において，ホストA，Bはポート

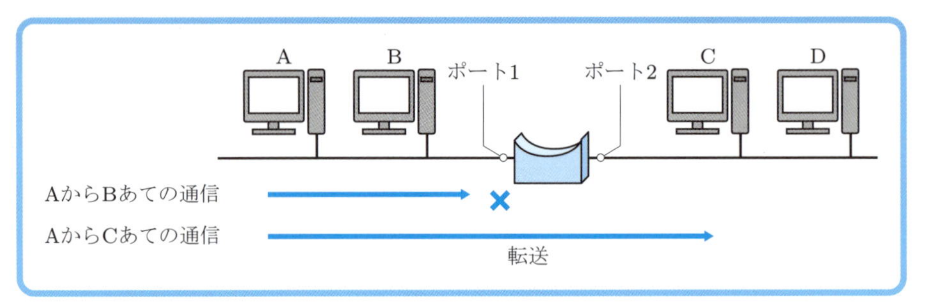

図 5.2 ブリッジによる接続

1側に，ホストC，Dはポート2側にそれぞれ接続している．このとき，ホストAからホストBあての通信は，ポート2には関係しないため，そのフレームは転送されない．一方，ホストAからホストCあての通信は，ポート2側への通信となるため，そのフレームはポート2に転送される．

5.2.2 スイッチ

最近では，ブリッジに代わって，スイッチがよく利用される．スイッチは，L2スイッチ，LANスイッチ，スイッチングハブともよばれる．ブリッジと同様にMACアドレスを管理して，必要のないポートにはデータを転送しない．ハブと同様に複数のポートをもっていることから，マルチポートブリッジと理解するほうがわかりやすい．

スイッチを利用することによって，VLAN（仮想LAN）を構築することができる．これはあて先アドレスをみて，転送ポートを決めるという機能を応用したものであり，スイッチの内部で論理的にLANを分割して，複数のLANのグループを作成するものである．ブロードキャストドメインとよばれるブロードキャストの届く範囲を制限して，通信可能なグループを論理的に分割する．これにより，各グループが異なるハブに接続しているようなネットワークを仮想的に構成することができる．

VLANは，スイッチの設定だけでLANを作成することができるため，LANの構成を変更する場合に，ケーブルの引き直し作業などが不要である．つまり，スイッチの設定を変えるだけでLANの構成変更が可能となる．

スイッチの内部構成のイメージ図を図5.3に示す．図5.3では，スイッチ内部にVLANが二つ構成されている．ホストAが属するVLAN1において，ブロードキャストが届く範囲はホストA～Dの四つだけとなる．ただし，このままではVLAN1とVLAN2の間では直接通信することはできない．二つのVLAN間で通信したい場合に

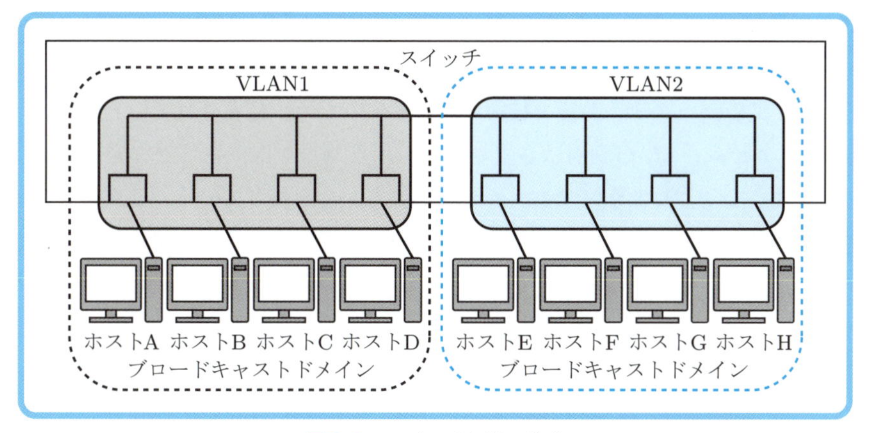

図 5.3 スイッチ内部の構成

は，VLAN 間でネットワーク層のルーティングが必要となる．ネットワーク層のルーティングについては，8 章で説明する．

5.3 LANの規格

LANの規格は，物理層，データリンク層の二つの層に相当する．LANの主な規格には，イーサネット，FDDI，トークンリングがある．IEEEのLANの規格では，データリンク層をLLC副層（logical link control sublayer）とMAC副層（media access control sublayer）の二つの副層に分けている．表 5.2 に主なLANの規格を示す．

表 5.2 主なLANの規格

規　格	内　容
IEEE802.1	MAC副層
IEEE802.2	LLC副層
IEEE802.3	イーサネット
IEEE802.4	トークンパッシング
IEEE802.5	トークンリング
IEEE802.11	無線LAN

LLC副層はIEEE802.2として定義されている．LLC副層は，ネットワーク層とのインターフェイスを担当し，ネットワーク層のプロトコルにサービスを提供する．LLC副層は，特定のデータリンク層の技術から独立するために定義されている．

図5.4のように，MAC副層はさまざまな技術と結びつき，物理層で定義されたメディアを使って，どのようにフレームを転送するかを定義している．これをメディアアクセス制御とよぶ．メディアアクセス制御では，ホストはメディアに対してアクセスする方法を定義している．メディアアクセス制御には，決定的方式と非決定的方式がある．

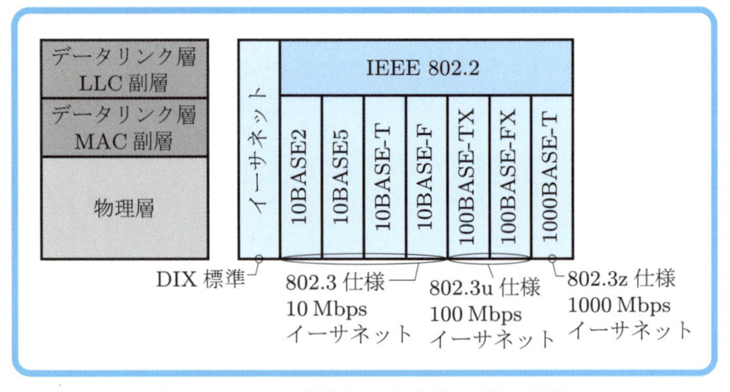

図5.4 LANの規格とOSI参照モデルの関係

決定的方式では，メディアにアクセスする順序が決まっている．送信できるホストを一つにして，ほかは送信しないようにすることで，メディア上でのデータの衝突を避けることができる．このとき，トークンとよばれる特殊なフレームが利用される．トークンをもっているホストだけがデータを送信する権利をもち，ほかのホストは受信状態となる．データの送信が完了すると，トークンをつぎのホストに渡す．このように，トークンを順に渡すことで，順番に従ってデータの送信を行う．

一方，非決定的方式では，データを送信する順序に決まりはなく，早いもの勝ちでデータの送信を行う．このため，複数のホストが同時にデータを送信する場合もある．この場合には，データの衝突が発生する．

5.4 イーサネット

イーサネットは現在もっとも普及しているプロトコルであり，一般的なLANで広く使用されている．パケットは5.5節で説明するフレーム（イーサネットフレーム）に収納され，電気信号に変換されたあと，ケーブルなどへ送信される．イーサネットには，表5.3に示すような多くの種類がある．それらは規格によって，帯域幅，ケーブルの種類や最大長が異なる．

表5.3 イーサネットの種類

名　称	IEEE規格	帯域幅	ケーブルの種類	ケーブル長
10BASE2	802.3a	10 Mbps	同軸ケーブル（直径5mm）	185 m
10BASE5	802.3	10 Mbps	同軸ケーブル（直径12 mm）	500 m
10BASE-T	802.3i	10 Mbps	ツイストペアケーブル（CAT3）	100 m
100BASE-TX	802.3u	100 Mbps	ツイストペアケーブル（CAT5）	100 m
100BASE-FX	802.3u	100 Mbps	マルチモード光ケーブル	2 km
			シングルモード光ケーブル	20 km
1000BASE-T	802.3ab	1000 Mbps	ツイストペアケーブル（CAT5e）	100 m
1000BASE-SX	802.3ae	1000 Mbps	マルチモード光ケーブル	300 m
1000BASE-LX	802.3ae	1000 Mbps	マルチモード光ケーブル	550 m
			シングルモード光ケーブル	5000 m
10GBASE-T	802.3an	10 Gbps	ツイストペアケーブル（CAT6）	100 m
10GBASE-SR	802.3ae	10 Gbps	マルチモード光ケーブル	300 m
10GBASE2	802.3ae	10 Gbps	シングルモード光ケーブル	10 km

規格の名称は，帯域幅とケーブルの種類がわかるようになっている．たとえば，10BASE-Tの場合，「10」が帯域幅（10 Mbps），「BASE」がベースバンド通信方式，最後の「T」がツイストペアケーブルであることを意味している．

5.5 フレームの構造

データリンク層の重要な機能の一つはフレーム化であり，送受信するデータをフレームとよばれる単位にまとめて通信する．最近では，LANの構築には主にイーサネットが使われているため，フレームはイーサネットフレームを指すことが多い．イーサネットフレームには，DIX（Ethernet Ⅱ）およびIEEE802.3から派生した「IEEE 802.3 Raw」，「IEEE802.3 LLC」，「IEEE802.3 SNAP」の四つの規格がある．そのうち，現在のLANでは主にDIXが使われている．DIXとは，DEC，Intel，Xeroxの3社の頭文字をとった企業コンソーシアムのことである．

図5.5にDIXのフレームフォーマット，図5.6にIEEE802.3のフレームフォーマットを示す．イーサネットフレームは，「プリアンプル」，「MACヘッダ」，「データ」，「FCS」の四つの部分から構成される．

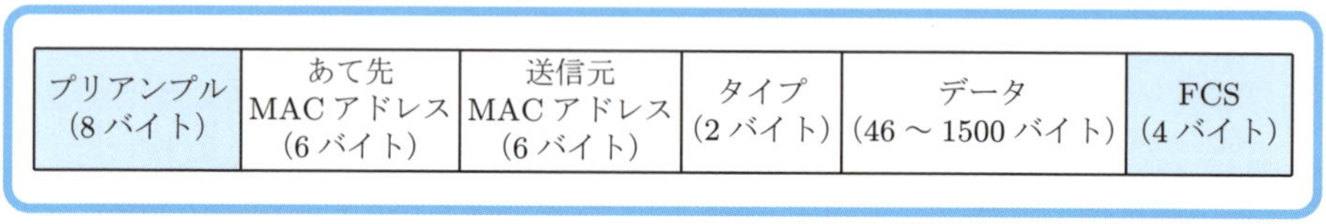

プリアンプル（8バイト）	あて先MACアドレス（6バイト）	送信元MACアドレス（6バイト）	タイプ（2バイト）	データ（46～1500バイト）	FCS（4バイト）

図5.5 DIXフレームフォーマット

プリアンプル（7バイト）	SFD	あて先MACアドレス（6バイト）	送信元MACアドレス（6バイト）	タイプ／長さ（2バイト）	データ（46～1500バイト）	FCS（4バイト）

SFD（start frame delimiter）

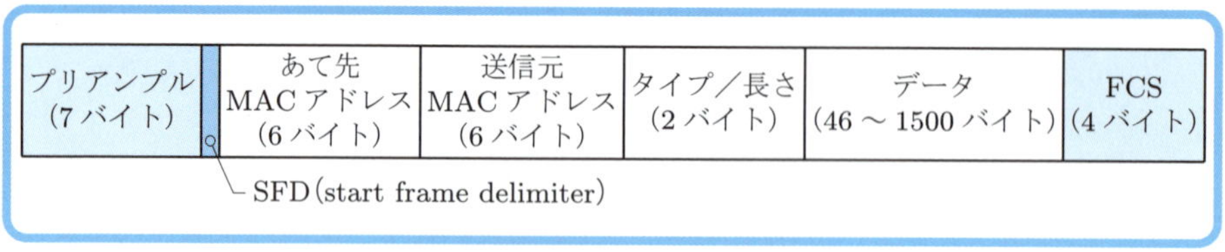

図5.6 IEEE802.3フレームフォーマット

プリアンプルは，フレームの開始を表す．ここには，「101010 … 10101011」というパターンの信号が収納されている．

MACヘッダは，「あて先MACアドレス」，「送信元MACアドレス」，「タイプ」から構成される．タイプには，データ部分に入っているデータのプロトコルを示す識別子が収納されている．

FCSには誤りを検出するための値（チェックサム）が収納されている．この値は，送信側がフレームを作成したときに計算され，FCSに追加される．受信側では，受け取ったフレームから同じ計算をして値を求める．二つの値が同じであれば，誤りはないと判断する．値が合わない場合には，誤りがあると判断して，そのフレームは廃棄される．

フレームを受け取ったNICは，自分のMACアドレスとフレームに含まれているあて先MACアドレスを比較して，同じである場合にはデータを受信し，異なる場合には受信したフレームを廃棄する．

5.6 コリジョンドメイン

イーサネットでは，多重アクセスを許可しているため，複数の機器が同時にデータを送りだすことがある．このとき，ケーブル上でフレームどうしの衝突が発生する．フレームどうしの衝突が発生すると，信号が干渉して壊れてしまう．この衝突を「コリジョン」とよぶ．コリジョンが発生する可能性のある範囲をコリジョンドメインという．

コリジョンドメインは一つのセグメント，または物理層を中継するリピータやハブによって接続された複数のセグメントで形成される．図5.7に物理層の各機器によってネットワークを延長した場合のコリジョンドメインを示す．物理層の機器によって拡張されたネットワークは，コリジョンドメインも拡張する．このため，コリジョンドメインに属するPCやサーバなどのホストの台数が増えると，コリジョンが発生しやすくなり，通信効率が悪くなる．

一方，データリンク層とネットワーク層の機器はコリジョンドメインを分割することができる．コリジョンドメインを分割することをセグメント化とよぶ．図5.8にデー

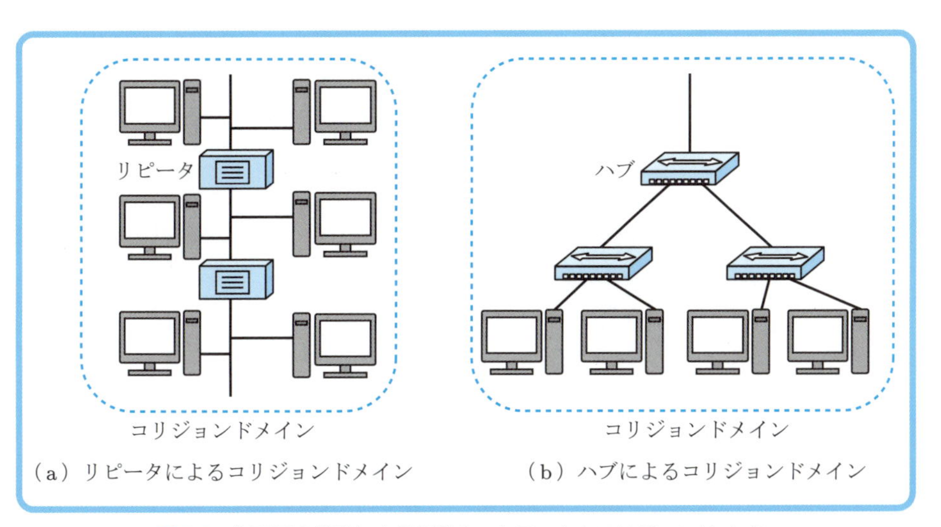

図5.7 物理層の機器による拡張ネットワークとコリジョンドメイン

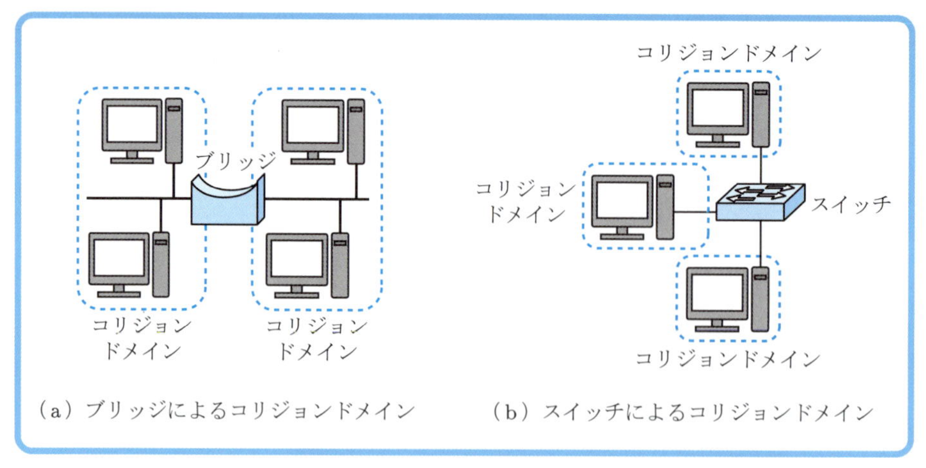

図 5.8 データリンク層の機器による拡張ネットワークとコリジョンドメイン

タリンク層の機器による拡張ネットワークとコリジョンドメインを示す．図からわかるように，ブリッジとスイッチの各ポートに接続されたネットワークは別のコリジョンドメインとなる．ブリッジとスイッチで区切られた範囲がコリジョンドメインとなる．

図 5.9 にネットワーク層の機器であるルータによって拡張されたネットワークとコリジョンドメインを示す．ルータの各ポートに接続されたネットワークは，別のコリジョンドメインとなる．さらに，ルータによって分割された範囲をブロードキャストドメインとよぶ．これはブロードキャストアドレスによるブロードキャスト通信が届く範囲となる．ブロードキャストアドレスについては 7 章で説明する．図 5.10 に各階層の機器とそのブロードキャストドメインを示す．

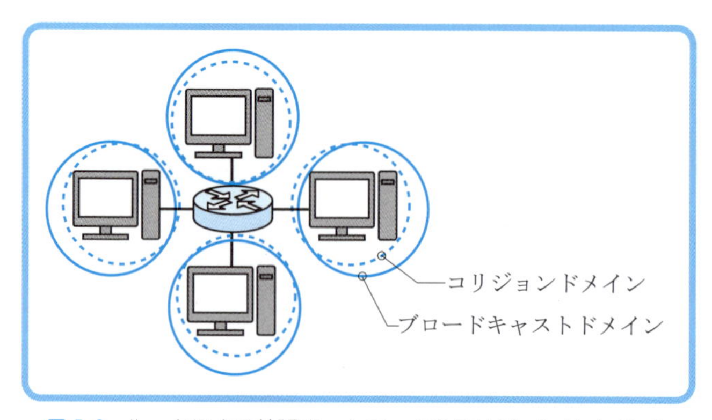

図 5.9 ルータによる拡張ネットワークのコリジョンドメインとブロードキャストドメイン

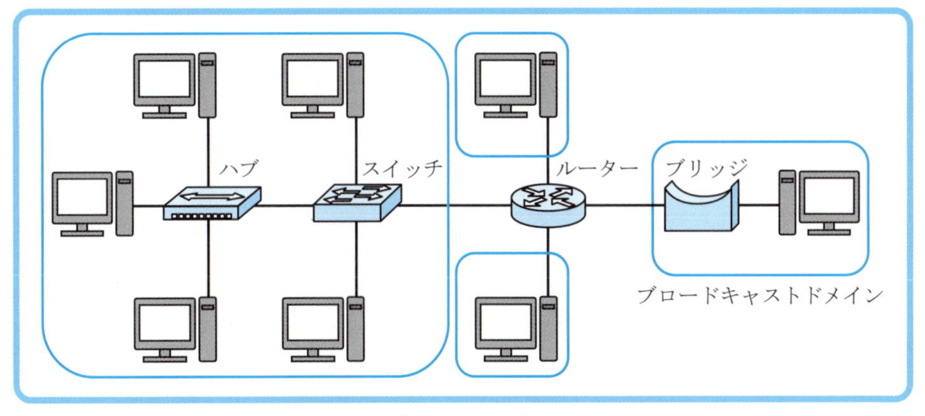

図 5.10 各階層の機器とブロードキャストドメイン

5.7 CSMA/CD

コリジョンが連続して発生すると，ネットワークの能力が下がる．そこで，イーサネットではコリジョンを防ぐ方法として，CSMA/CD（carrier sense multiple access with collision detection）方式が使われている．これは，フレームを送出するときに，コリジョンの発生を検出し，発生していない場合にはフレームを送出するが，発生した場合には少し待機してから再送出を試す方式である．

CSMA/CDは，「キャリア検知」，「多重アクセス」，「衝突検出」の動作を行う．イーサネットは，同じメディア上での複数の機器による通信を許可している．CSMA/CDでは，キャリア検知によって別の機器がフレームの送出を行っているかを確認し，メディアが空いていればフレームを送出する．もし，別の機器がすでにフレームを送出している場合には，フレームの送出を遅らせる．メディアが空いていることに気がついた機器からフレームを送出できる早いもの勝ちの通信となる．

ところが，複数の機器がほぼ同時にフレームを送出し，コリジョンが発生することがある．コリジョンが発生すると，コリジョンの発生を検出した機器は「ジャム信号」とよばれる特殊な電気信号をメディア上に送出する．直前にフレームを送出した機器は，ジャム信号を受け取ることで，コリジョンが発生したことを知る．この場合，フレームを送出した機器は，数ミリ秒待機して，再送出を試みる．これをバックオフとよぶ．バックオフした機器どうしが再度衝突するのを防ぐために，待機する時間はランダムに選ばれる．再送出を行い，再びコリジョンが発生したら，再度送出を試み

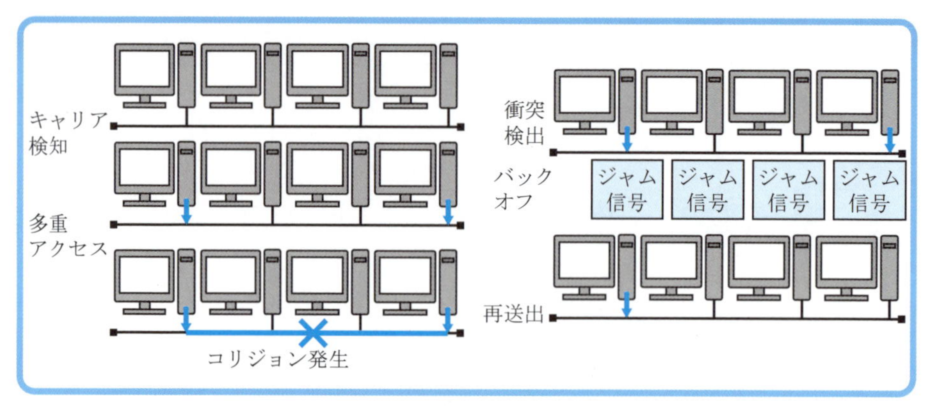

図 5.11　CSMA/CD

る．図 5.11 にCSMA/CDの動作を示す．

同一メディアにつながっている機器の台数が増え，データの送出機会が増えると，コリジョンが頻繁に発生するようになる．頻繁にコリジョンが発生すると，データ送出の待ち時間が長くなる．

本章のまとめ

1. MACアドレスはネットワーク機器の識別子の役割をもつ．
2. MACアドレスは 48 ビットで表される．
3. データリンク層の機器はブリッジとスイッチであり，メディアどうしを接続し，ネットワークの延長を可能とする中継装置である．
4. ブリッジとスイッチは，MACアドレスを管理して，必要のないポートにはデータを転送しない．
5. VLANは，スイッチの内部で論理的にLANを分割して，複数のLANのグループを作成するものである．
6. LANの主な規格には，イーサネット，FDDI，トークンリングがある．
7. イーサネットは現在のLANでもっとも広く使用されている．
8. イーサネットフレームは，「プリアンプル」，「MACヘッダ」，「データ」，「FCS」の四つの部分から構成させる．
9. MACヘッダは，「あて先MACアドレス」，「送信元MACアドレス」，「タイプ」から構成される．

10. FCSは誤りの検出に使用される.
11. コリジョンが発生する可能性のある範囲をコリジョンドメインという.
12. イーサネットでは，コリジョンを防ぐ方法としてCSMA/CD方式が使われる.

5.1 MACアドレスの構造について説明せよ.
5.2 ブリッジとリピータの違いについて説明せよ.
5.3 ブリッジの動作について簡単に説明せよ.
5.4 VLANについて簡単に説明せよ.
5.5 図5.12のネットワークにおけるコリジョンドメインの数を答えよ.

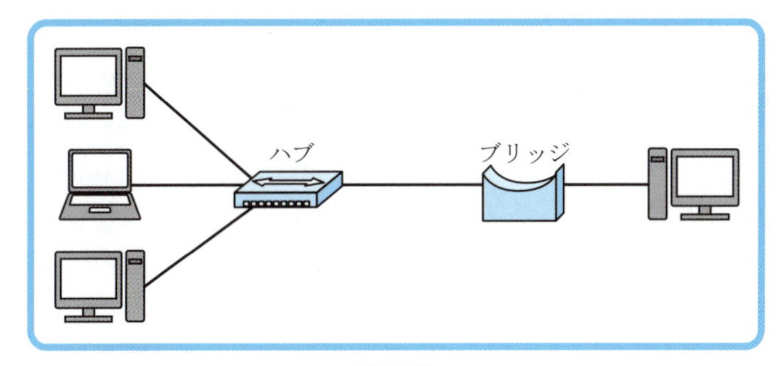

図5.12

5.6 CSMA/CDの動作について簡単に説明せよ.

6章 ネットワーク層

ネットワーク層のプロトコルには，IPのほかにICMP，ARPなどが定義されている．本章では，ネットワーク層の中心的なプロトコルであるIPv4と，IPをサポートするICMP，IPアドレスからMACアドレスを取得するためのプロトコルであるARPについて説明する．最後に，IPの新しいバージョンであるIPv6を紹介する．

Keyword　IP，IPv4，ICMP，ARP，IPv6

6.1 IPv4

現在，インターネットでは，二つのバージョンのIP（internet protocol）が使われている．これまで広く使われてきたバージョンはIPv4であるが，IPv4にはアドレスの枯渇などの問題がある．このため，アドレス空間を増大させ，セキュリティ機能などを追加したIPv6が使われはじめているが，まだ普及の途中にある．ここでは，現在広く普及しているIPv4について説明する．本書では，とくに明記しないかぎりIPはIPv4のことを指す．

IPはコネクションレス型のプロトコルであり，ベストエフォート型の配送メカニズムでパケットのルーティング（経路制御）を行う．コネクションレス型とは，通信の際に，送信側と受信側でコネクションを確立しないことをいう．ベストエフォート型とは，「パケット配送の保証はしないが，届けるために最善の努力はする」という意味である．IPが信頼性の低いプロトコルといわれるのは，エラーの確認や回復を行わないためであり，正確にデータを配送できないというわけではない．エラーの確認や回復は，トランスポート層やアプリケーション層のプロトコルによって行われる．

IPの重要な役割は，異なるネットワーク上にあるホスト間でのパケットの伝送である．IPは，目的のホストにパケットを届けるための経路選択と，その経路を決定するためのルーティングを行うが，パケットの内容には関与しない．IPはIPアドレスを使って，目的のホストとそのホストが存在するネットワークを識別する．

図6.1にIPのパケットヘッダのフォーマットを示す．IPヘッダには以下のフィールドがある．まず，最初の4ビットはIPプロトコルのバージョンを示す．IPv4では「4」となる．つぎの4ビットはIPヘッダ長を示す．32ビット単位であるため，32×nのnが記述される．通常は「5」となる．つぎのサービスタイプ（8ビット）は，送信するIPのサービス品質を表す．パケットの優先順位などを決めることができる．ただし，実際にはあまり使われていない．つぎのパケット長（16ビット）はヘッダを含むパケット全体の長さを8ビット単位（8×nのn）で表す．

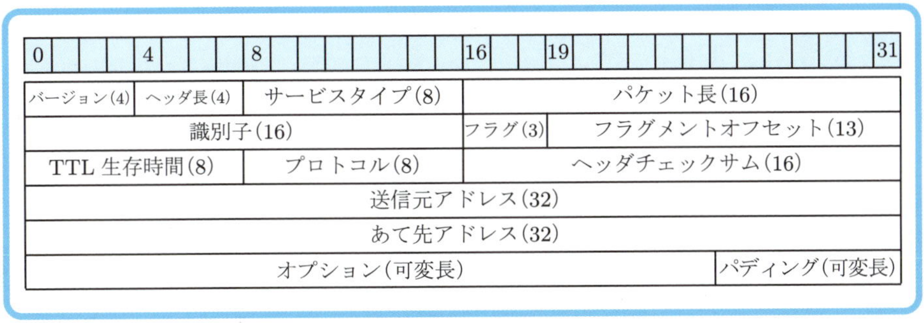

<table>
<tr><td>0</td><td>4</td><td>8</td><td>16</td><td>19</td><td>31</td></tr>
<tr><td>バージョン(4)</td><td>ヘッダ長(4)</td><td>サービスタイプ(8)</td><td colspan="3">パケット長(16)</td></tr>
<tr><td colspan="3">識別子(16)</td><td>フラグ(3)</td><td colspan="2">フラグメントオフセット(13)</td></tr>
<tr><td colspan="2">TTL 生存時間(8)</td><td>プロトコル(8)</td><td colspan="3">ヘッダチェックサム(16)</td></tr>
<tr><td colspan="6">送信元アドレス(32)</td></tr>
<tr><td colspan="6">あて先アドレス(32)</td></tr>
<tr><td colspan="5">オプション(可変長)</td><td>パディング(可変長)</td></tr>
</table>

図6.1 パケットヘッダのフォーマット

識別子（16ビット）は，ルータがパケットを分割したときに使う．分割されたパケットをフラグメントという．パケットを分割したとき，識別子として同じ値をつける．IPは複数のネットワークを経由してパケットを伝送するプロトコルである．このため，メディアにはさまざまなものが使われる．メディアごとに一度に伝送できるデータの最大値であるMTU（maximum transmission unit：最大転送単位）が決められている．MTUより大きなサイズのパケットの場合，ルータではMTUに合わせてパケットを分割する．この処理をフラグメンテーションとよび，分割されたパケットをフラグメントとよぶ．識別子は，パケットを再構築するときに，同じフラグメントであることを識別するために使われる．つぎのフラグ（3ビット）は分割の状況を示す．分割の許可やフラグメントの位置（最後か途中か）を表す．フラグメントオフセット（13ビット）はフラグメントが元のパケットのどの位置かを示す．フラグメントオフセットを使って，元のパケットに再構築する．

TTL生存時間（8ビット）はパケットの寿命を示す．経路情報の誤りなどによって，パケットが相手に届かず，同じ経路をループし続ける状況が発生する可能性がある．このようなパケットがネットワーク上に多数存在すると，ネットワークに負荷をかけることになる．これを防止するため，パケットの寿命を設定している．実際には時間で示すことは難しいため，パケットが経由することができるルータの数を数える．TTL生存時間はルータを経由するたびに1減らす．TTL生存時間が0となった時点でそのパケットは廃棄される．

IPアドレスは32ビット長となっている．IPアドレスについては，7章で詳しく説明する．

6.2 ICMP

ICMP（internet control message protocol：インターネット制御メッセージプロトコル）は，エラーや通信状態を通知することでIPをサポートするプロトコルである．ICMPを使うことで，目的の機器がネットワークに接続しているかや，目的の機器にパケットが到達しない場合の原因を調べることができる．また，通信時に障害が発生した場合，その障害の発生を通知してくれる．

ICMPメッセージには，ICMPエラーメッセージとICMP問合せメッセージがある．エラーメッセージは，たとえば，目的のホストにパケットを送ることができなかった場合に，あて先に到達できなかったこととその理由を含んだメッセージをパケットの送信元に返信する．一方，問合せメッセージは，ICMPを使った問合せの要求に対して，問合せ先の機器が応答するものである．

ICMPメッセージのフォーマットは，図6.2のような簡単なものである．「タイプ」によってメッセージの種類を決め，「コード」によってより細かな内容を伝えることができる．

タイプ	コード	チェックサム	ICMP メッセージ本体(タイプ依存)

図6.2 ICMPメッセージのフォーマット

表6.1にメッセージのタイプを示す．たとえば，タイプ3の場合にはDestination Unreachable，つまり，あて先が到達不能であることを意味する．タイプ11の場合にはTime Exceeded，つまり，6.1節で説明したTTL生存時間が0になり，パケットが廃棄されたことを意味する．コードによってより細かくその内容がわかる．表6.2に

表6.1 ICMPのタイプ

タイプ	メッセージ	機　能
0	Echo Reply	エコー応答
3	Destination Unreachable	あて先到達不能
4	Source Quench	送信元抑制
5	Redirect	リダイレクト
11	Time Exceeded	時間超過メッセージ
12	Parameter Problem	パラメータ障害
8	Echo Request	エコー要求
13	Timestamp	タイムスタンプ
14	Timestamp Reply	タイムスタンプ応答
15	Information Request	情報要求
16	Information Reply	情報応答
17	Address Mask Request	アドレスマスク要求
18	Address Mask Reply	アドレスマスク応答

表6.2 タイプ3（Destination Unreachable）のICMPコード

コード	意　味
0	目的のネットワークに届かない.
1	目的のホストに届かない.
2	指定されたプロトコルは使用できない.
3	目的のポートに届かない.
4	フラグメントの必要があるのに，分割不可のフラグが立っている.
5	指定されたソースルートが実行できない.
6	目的のネットワークが不明.
7	目的のホストが不明.
8	送信元ホストは使用されていない.
9	送信元ネットワークとの通信は許可されていない.
10	送信元ホストとの通信は許可されていない.
11	指定されたTOS*では目的のネットワークに到達できない.
12	指定されたTOSでは目的のホストに到達できない.

* TOS：サービスタイプ

タイプ3のDestination Unreachable（あて先到達不能）の場合のコードの例を示す．コードによって到達できない理由が，目的のネットワークに届かないのか不明なのか，目的のホストに届かないのか不明なのかなどの情報を得ることができる．

ICMPを利用したコマンドとしてpingとtracert/tracerouteがよく利用されている．使用方法の詳細は，14章で説明する．ここでは，pingがICMPをどのように使うかについて説明する．

pingは，目的の機器がネットワークに接続されているかを確認するために使用する．図6.3にpingの動作の概要を示す．pingを実行すると，指定したあて先の機器に対して，タイプ8のEcho Requestパケットを送信する．Echo Requestを受け取った機器は，タイプ0のEcho Replyパケットを返信する．あて先の機器から，Echo Replyパケットが返ってくることで，通信可能な状態にあることを確認する．pingはパケットを送信する回数や，送信するパケットのサイズを指定することができる．パケットが到達できるかどうかを確認するだけでなく，パケットの往復時間やパケットロス率などを知ることもできる．

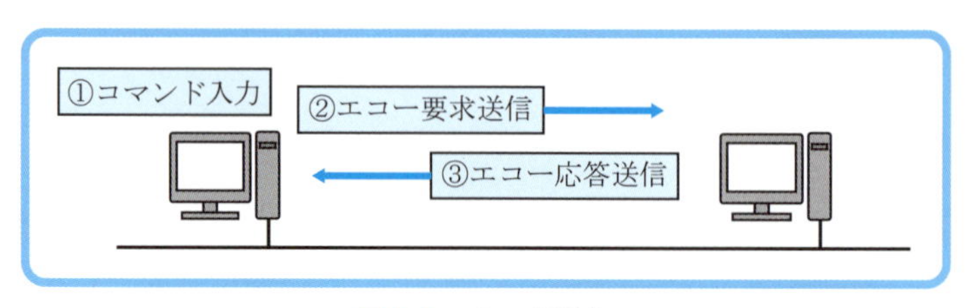

図6.3 pingの動作

6.3 ARP

ARP（address resolution protocol）は，既知のIPアドレスに対応するMACアドレスを取得するために使用するプロトコルである．アプリケーションやpingなどのコマンドがIPアドレスを使って通信しようとするとき，パケットヘッダにあて先IPアドレスと送信元IPアドレスを挿入する．ところが，イーサネットなどのデータリンク層の通信では，フレームヘッダのアドレスにMACアドレスが使用される．このとき，あて先IPアドレスに対応したMACアドレスがわからないと，データリンク層の通信ができない．

このような場合，ARPを使って，あて先IPアドレスに対応したMACアドレスを調べる．ARPは，ブロードキャストアドレスを使って，同じセグメント内にあるすべての機器に対して，ARP要求を送信する．ARP要求を送ることで，目的のあて先IPアドレスをもつ機器を探す．ARP要求を受け取った機器で，あて先IPアドレスをもつ機器は，ARP応答を返信する．ARP応答には，その機器のMACアドレスが含まれている．自分に対する呼びかけではないと判断した機器はARP要求を廃棄する．このように，ARP応答を受け取ることで，目的のあて先IPアドレスに対応したMACアドレスを知ることができる．さらに，調べたIPアドレスとMACアドレスの情報は，APRキャッシュとしてメモリに一定時間保存されるので，この後，同じあて先にデータを送るとき，その都度ARP要求を送ることなく，ARPキャッシュの情報からMACアドレスを知ることができる．

6.4 IPv6

インターネットでは，二つのバージョンのIPが使われている．現在でも広く使われているIPv4と，新しく使われはじめたIPv6である．IPv4は，アドレスの枯渇などの問題があるため，アドレス空間を増大させ，セキュリティ機能などを追加したIPv6が使われはじめている．

IPv6のアドレスの大きさは128ビットである．アドレス数は約 340×10^{36} 個となる．IPv6アドレスは，「3ffe:1900:6545:3:230:f804:7ebf:12c2」のように，4桁の16進数を7個の「:（コロン）」で区切って表記をする．

また，0が連続する場合には，連続しているブロックを「: :」で表すことができる．たとえば，「FF05:0:0:0:0:0:0:B8」の場合，「FF05::B8」と表記できる．ただし，この表記方法が使えるのは一箇所だけである．

図6.4にIPv6のパケットヘッダのフォーマットを示す．IPv4のパケットヘッダと比べて簡素化されており，フィールド数は13から7に減った．さらに，ヘッダ長が固定長となった．これにより，ルータでの転送処理が軽減できる．また，いくつかのフィールドをオプションとして追加できる．

フローラベルによって，コネクションに対してフローとよばれる一連の通信を識別する識別子を与えることができるようになった．これにより，ルータではコネクション単位での管理が可能となる．

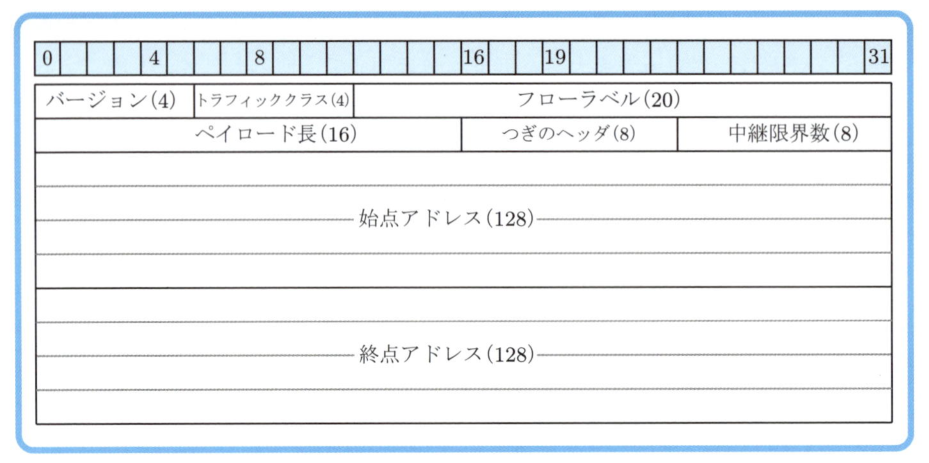

図 6.4 IPv6 ヘッダフォーマット

本章のまとめ

1. 現在のインターネットでは，IPv4 と IPv6 の二つのバージョンの IP が使われている.
2. IP の役割は，異なるネットワーク上にあるホスト間でのパケットの伝送である.
3. IPv4 のアドレス長は 32 ビットであり，IPv6 のアドレス長は 128 ビットである.
4. IP はコネクションレス型のプロトコルであり，ベストエフォート型の配送メカニズムでパケットのルーティングを行う.
5. ICMP はエラーや通信状態を通知することで IP をサポートするプロトコルであり，ICMP はタイプとコードでエラーや通信の状態を通知する.
6. ARP は，既知の IP アドレスに対応する MAC アドレスを取得するために使用するプロトコルである.

6.1 IPの役割について簡単に説明せよ．

6.2 IPヘッダのTTL生存時間の役割について説明せよ．

6.3 ICMPの役割について説明せよ．

6.4 ARPの機能について説明せよ．

7章 IPアドレス

本章では，論理アドレスであるIPアドレスの役割としくみと，IPアドレスを効率よく使うためのサブネットの作成方法について説明する．最後に，IPアドレスの配布方法について述べる．本書では，一般に広く普及しているIPv4アドレスについて説明する．

Keyword IPアドレス，クラス，予約済みアドレス，プライベートIPアドレス，サブネット，サブネットマスク，クラスフル，クラスレス，CIDR，VLSM

7.1 IPアドレスの役割としくみ

7.1.1 IPアドレスの役割

IPアドレスは，IPパケットのあて先を指定するために使われる情報である．TCP/IPを使用するサーバ，パソコン，プリンターなどには，1台ずつに異なるIPアドレスが割り当てられている．これにより，ネットワーク上のホストを一意に識別することが可能となる．

IPアドレスは論理アドレスの一つである．物理アドレスであるMACアドレスとIPアドレスの関係を人の住所と名前にたとえると，IPアドレスは住所にあたり，MACアドレスは各自の氏名にあたる．仮に引越しをした場合，住所は変わるが，氏名は変わらない．ネットワークにおいても同じであり，ネットワークを移動すると，そのときに利用しているネットワークのIPアドレスを使用するため，ホストのIPアドレスは変わる．一方，MACアドレスはホストのNICに記憶されている情報であるため，ネットワークを移動しても変わらない．つまり，住所がIPアドレス，氏名がMACアドレスという関係となる．

7.1.2 IPアドレスの構成

図7.1にIPアドレスの構成を示す．IPアドレスは32ビット長で，ネットワーク番

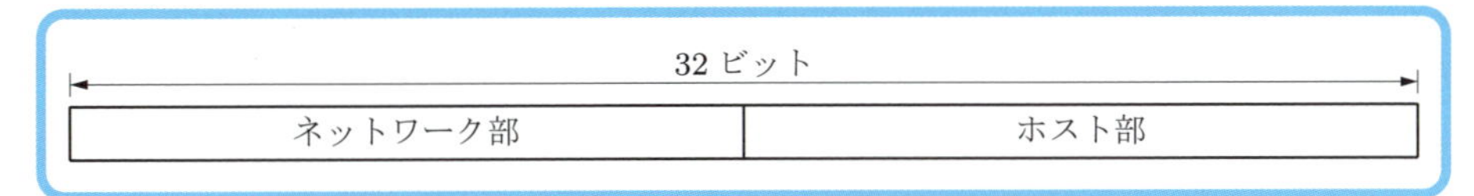

図 7.1 IPアドレスの構成

号を示すネットワーク部とホスト番号を示すホスト部から構成される．ネットワーク部とはホストが存在するネットワーク（ネットワーク番号）のことで，同じネットワークに存在するホストは同じネットワーク番号をもつ．ホスト部とは，ネットワークに存在する各ホストを識別するための識別子である．ルータはネットワーク部をみて，あて先のネットワークを特定し，IPパケットをつぎのルータが所属するネットワークへ転送する．

7.1.3 IPアドレスの表記

32ビットのIPアドレスの2進数での表記は，読みづらく，扱いづらい．そこで，図7.2のように，32ビットをオクテットとよばれる8ビットずつの四つの部分に分け，10進数で表記する．オクテットは「.（ドット）」で区切るために，これをドットつき10進数表示とよぶ．ホストでは2進数として扱われるが，われわれは10進数として利用することができる．

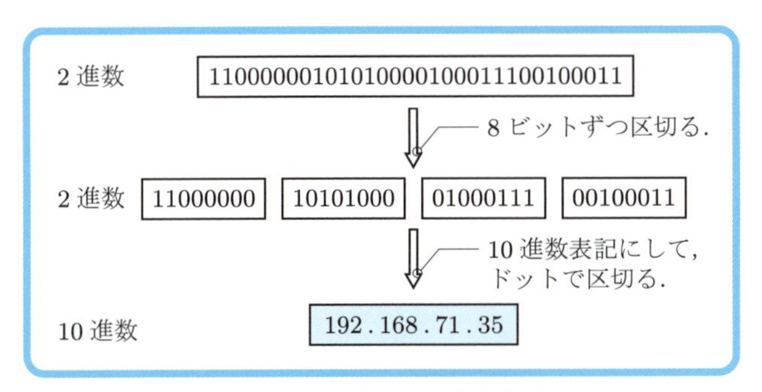

図 7.2 IPアドレスの表記方法

7.1.4 アドレスクラス

IPアドレスは，さまざまな規模のネットワークに対応させるため，五つのクラスに分類して使用する．図7.3のように，ネットワーク部とホスト部の境界はクラスによって決められている．このように定義する方式をクラスフルとよぶ．図7.4のように，

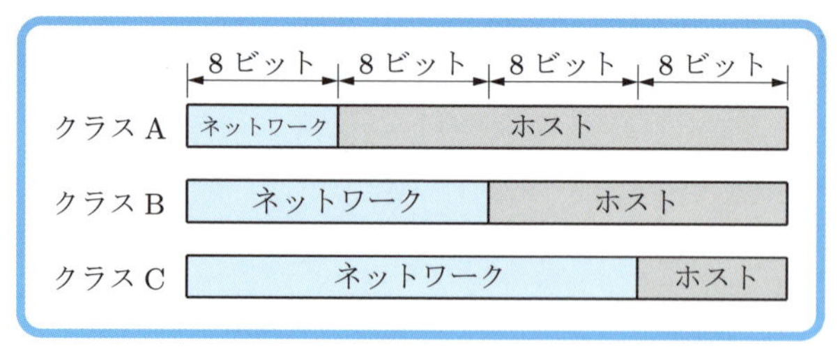

図7.3　アドレスクラス

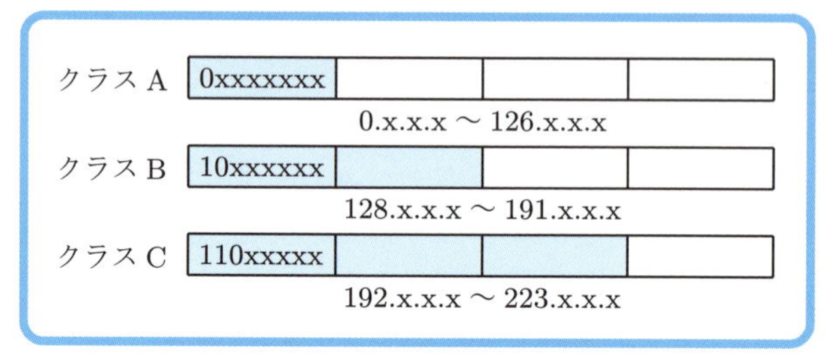

図7.4　IPアドレスのビットパターン

第1オクテットの先頭ビットをみれば，所属クラスの判断が可能である．

IPアドレスには，つぎの五つのクラスがある．

- クラスA：大規模ネットワーク用（図7.5）
- クラスB：中規模ネットワーク用（図7.6）
- クラスC：小規模ネットワーク用（図7.7）
- クラスD：マルチキャスト用（図7.8）
- クラスE：実験用に予約されているアドレス（図7.9）

各クラスの詳細な情報を図7.5〜7.9に示す．

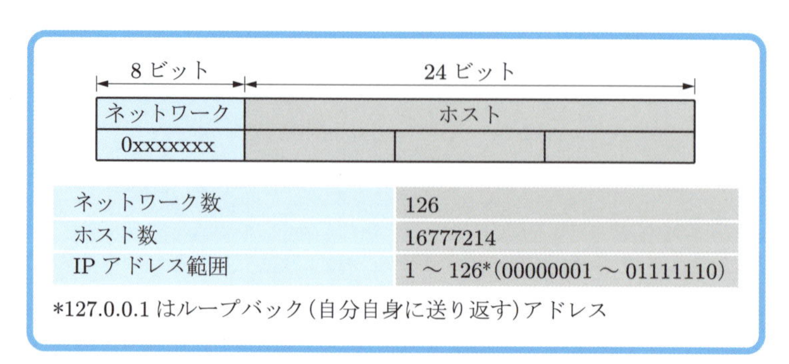

ネットワーク数	126
ホスト数	16777214
IPアドレス範囲	1 〜 126*(00000001 〜 01111110)

*127.0.0.1はループバック(自分自身に送り返す)アドレス

図7.5　クラスA

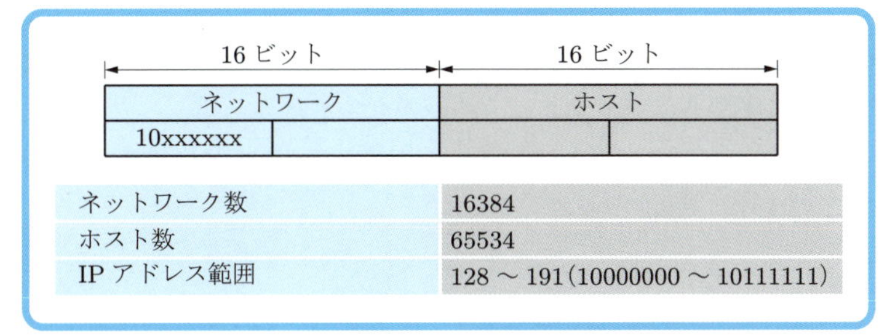

図7.6 クラスB

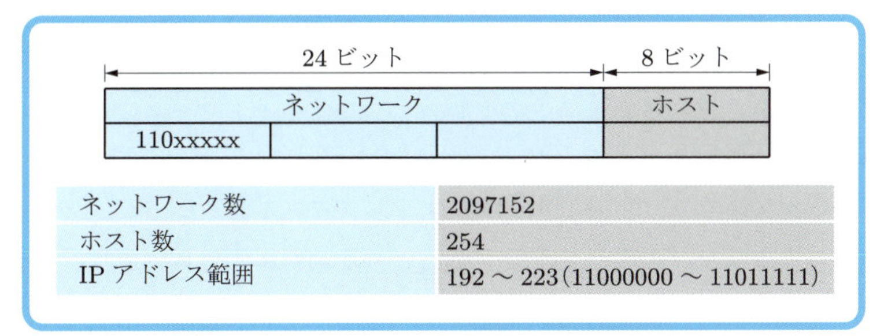

図7.7 クラスC

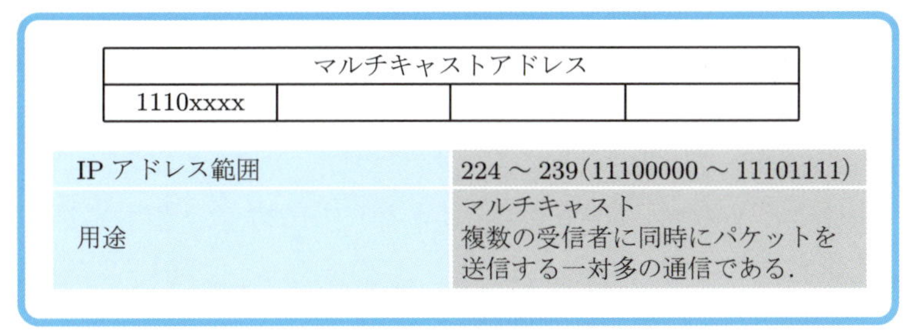

図7.8 クラスD

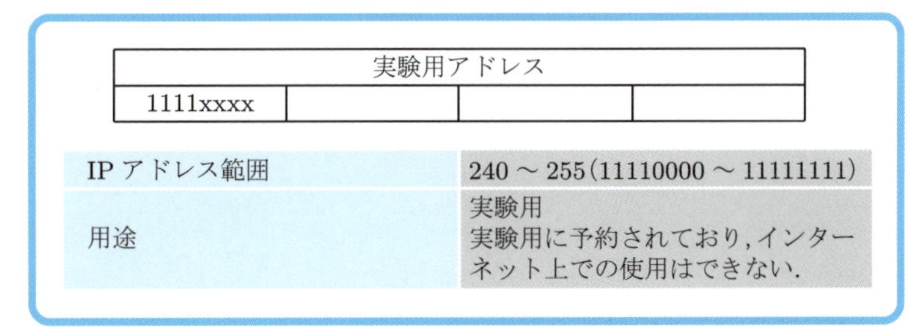

図7.9 クラスE

7.1.5 予約済みアドレス

IPアドレスには，予約済みアドレスとよばれるホストに割り当てることができないものがある．予約済みアドレスには，つぎのものがある．

- ネットワークアドレス：ネットワーク自身を示すIPアドレスである．ホスト部のビットはすべて「0」となる．
- ブロードキャストアドレス：ネットワーク内のすべてのホストいっせいにパケットを送信する場合に使用する．ブロードキャストアドレスには以下の三つがある．
  1. ローカルブロードキャストアドレス：自身が所属するネットワーク上のすべてのホストあての通信に使用される．ホスト部のビットをすべて「1」に設定する．ルータはローカルブロードキャストアドレスを転送しない．
  2. ダイレクトブロードキャストアドレス：異なるネットワークに対してブロードキャストする．ホスト部のビットをすべて「1」設定する．デフォルトではルータはダイレクトブロードキャストアドレスを転送しない．
  3. リミテッドブロードキャストアドレス：自身が所属するネットワーク上のすべてのホストあての通信に使用される．32ビットすべてを「1」に設定する．つまり，「255.255.255.255」である．リミテッドブロードキャストアドレスは転送されない．
- ループバックアドレス：ホスト自身を示すIPアドレスであり，自分自身をあて先とする場合に使用する．第1オクテットに「127」を指定する．一般に，「127.0.0.1」が使われる．

表7.1に，各クラスのネットワーク数と1ネットワークあたりのホスト数を示す．

表7.1 各クラスのネットワーク数とホスト数

クラス	用　途	ネットワーク数	各ネットワークのホスト数	ネットワークアドレスビット数
A	大規模ネットワーク	$2^7 - 2 = 126$	$2^{24} - 2 = 16777214$	8
B	中規模ネットワーク	$2^{14} = 16384$	$2^{16} - 2 = 65534$	16
C	小規模ネットワーク	$2^{21} = 2097152$	$2^8 - 2 = 254$	24
D	マルチキャスト	—	—	28
E	実験用	—	—	—

7.1.6 プライベートIPアドレス

各アドレスクラスには，プライベートIPアドレスとよばれる組織内などの閉じたネットワーク内のみで使用可能なIPアドレスがある．インターネット上のルータは，プライベートIPアドレスを転送しない設定になっているため，プライベートIPアドレスを受信すると，転送せずに廃してインターネットとの直接の通信を回避する．表7.2はプライベートIPアドレスの一覧である．

表7.2　プライベートIPアドレス

クラス	ネットワーク数	ネットワークアドレス	IPアドレス範囲
A	1	10.0.0.0	10.0.0.0～10.255.255.255
B	16	172.16.0.0～172.31.0.0	172.16.0.0～172.31.255.255
C	256	192.168.0.0～192.168.255.0	192.168.0.0～192.168.255.255

プライベートIPアドレスに対して，インターネットで使用させるIPアドレスをグローバルIPアドレスとよぶ．グローバルIPアドレスは，インターネット上で重複しないようにするため，7.5.1項で述べるように国際的な組織で管理されている．

7.1.7　IPアドレスの確認方法

ホストをIPネットワークに接続するためには，IPアドレスのほかにサブネットマスク，デフォルトゲートウェイなどの値を設定しなければならない．これらの設定値を確認するため，Microsoft Windows系では`ipconfig`，Linux，Mac OSでは，`ifconfig`が使用できる．コマンドの詳細は14章で説明する．

7.2　サブネット

ネットワークを分割した小さなネットワークをサブネット（サブネットアドレッシング）とよび，ネットワークを複数のサブネットに分割することをサブネット化とよぶ．ここでは，サブネットの利点とサブネット化の方法について説明する．まず，クラスフルによるネットワークのサブネット化について扱う．

7.2.1　サブネットの利点

7.1.4項で説明したように，クラスAの一つのネットワークで約1600万個，クラスBでは約6万個のホスト番号をもつ．しかし，一つのネットワークがこのような膨大な数のアドレスをもつのは現実的ではなく，アドレスの利用効率の点から考えても無駄が多い．クラスCにおいてもつぎのような場合には無駄が発生する．たとえば，20個のIPアドレスが必要な10個の研究室に，クラスCアドレスを一つずつ配布すると，利用できるIPアドレス数は，2540個あることとなる．しかし，実際に必要なアドレスは200個であるため，2340個のアドレスは利用されないことになってしまう．

必要なホスト数またはネットワーク数に応じて，ネットワークを分割してサブネット化することで，IPアドレスの無駄を少なくすることができる．さらに，以下の利点がある．

- ネットワークのサイズを小さくすることで，管理が容易になる．
- ネットワークのサイズを小さくすることで，セキュリティの運用が容易になる．
- ネットワークのトラフィックを分割することで，ネットワーク全体の能力を上げることができる．
- 実際の組織の形態とネットワーク（サブネット）をあわせることで，管理が容易になる．
- ネットワークの数とホストの数の適正化を図ることができる．

7.2.2 クラスフルを使うネットワークのサブネット化

ネットワークをサブネット化するためには，図7.10のように，32ビットのアドレスを三つに分割する．このとき，サブネット部は，ホスト部の上位ビットを借用する．

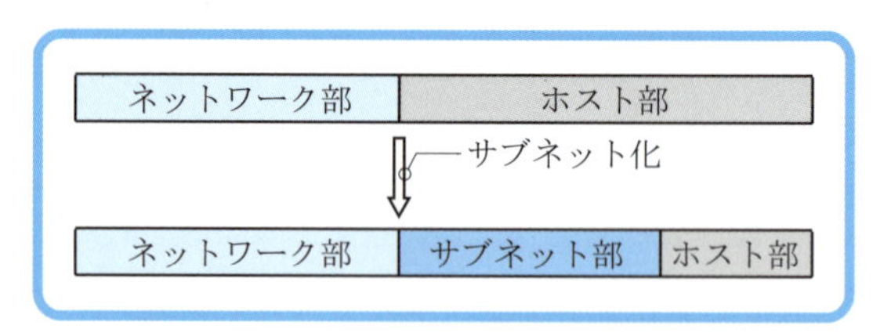

図7.10 サブネットのフォーマット

サブネットを識別するためには，ホスト部から何ビットを借りたかを示す情報が必要である．これにはサブネットマスクが使用される．サブネットマスクとは，ネットワーク部とサブネット部がすべて「1」で，ホスト部がすべて「0」の32ビット数値である．図7.11にサブネットマスクの表記方法を示す．IPアドレスと同様に，32ビットを四つのオクテットに分割し，「．（ドット）」で区切った10進数で表記する．

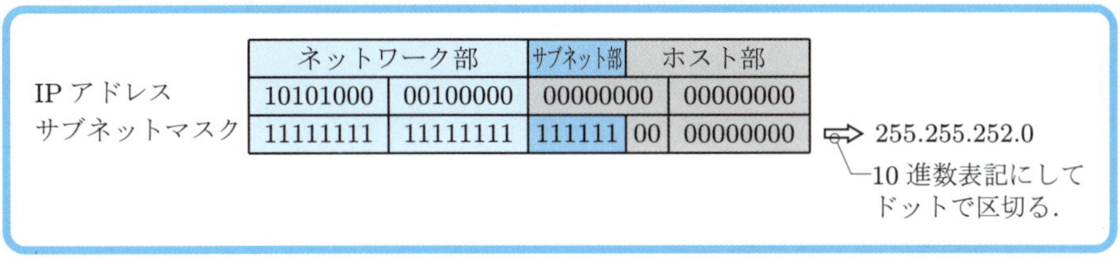

	ネットワーク部		サブネット部	ホスト部
IP アドレス	10101000	00100000	00000000	00000000
サブネットマスク	11111111	11111111	111111 00	00000000

⇨ 255.255.252.0
10 進数表記にしてドットで区切る.

図 7.11 サブネットマスク

7.2.3 ゼロサブネット

ゼロサブネットとは，サブネット部がすべて「0」のサブネットのことである．従来は，サブネット部がすべて「0」とすべて「1」のアドレスは，元のネットワークのネットワークアドレスとブロードキャストアドレスが同じになってしまうため，使用が推奨されていなかった．しかし，現在のネットワーク機器は，デフォルトでゼロサブネットの使用を可能する設定となっているため，サブネット部がすべて「0」とすべて「1」のアドレスが使用できる．このため，つぎの 7.2.4 項で示すように，サブネット数とホスト数からサブネットを計画・設計する場合に，ゼロサブネットを数に加えることができる．一方，ゼロサブネットの設定が有効でない機器ではゼロサブネットを使うことはできない．

7.2.4 サブネット数とホストアドレス数

表 7.3 に，クラス C ネットワークをサブネット化した場合のサブネット数とサブネットあたりのホストアドレス数を示す．ホスト部から借用するビット数によって，作

表 7.3 サブネットあたりのホストアドレス数の例

サブネット*	ホスト数	ネットワークビット数	サブネットビット数	ホストビット数
$2^0 = 1$	$2^8 - 2 = 254$	24	0	8
$2^1 = 2$	$2^7 - 2 = 126$	24	1	7
$2^2 = 4$	$2^6 - 2 = 62$	24	2	6
$2^3 = 8$	$2^5 - 2 = 30$	24	3	5
$2^4 = 16$	$2^4 - 2 = 14$	24	4	4
$2^5 = 32$	$2^3 - 2 = 6$	24	5	3
$2^6 = 64$	$2^2 - 2 = 2$	24	6	2

*ゼロサブネットを使用した場合

成できるサブネット数とサブネットあたりのホストアドレス数が変わることがわかる．サブネット化はネットワーク設計の重要な項目である．必要なサブネット数とホストアドレス数を考慮して，最適なサブネットを作成する必要がある．

7.2.5 サブネットの計算

ここでは，いくつかの例題を用いて，適切なサブネット数とホストアドレス数の求め方を説明する．

例題 7.1 クラスCネットワーク 200.100.50.0 を，5 個のサブネットに分割するために，つぎのものを求めよ．

（1） サブネットマスク

（2） 各サブネットに割り当て可能なホストアドレス数

（3） 各サブネットに割り当て可能なIPアドレスの範囲

解 答

（1） 作成したいサブネット数は 5 個なので，$2^3 \geqq 5$ より 3 ビットをサブネット部として借用すればよいことがわかる．

11111111.11111111.11111111.**111**00000

したがって，サブネットマスクは，255.255.255.224 となる．

（2） サブネット部に 3 ビットを貸したので，ホスト部は 5 ビットである．したがって，ホストに割り当て可能なアドレスは，$2^5 - 2 = 30$ 個となる．

（3） まず，各サブネットのネットワークアドレスを求めると，つぎのようになる．

第 1 サブネット：200.100.50.0　　第 2 サブネット：200.100.50.32

第 3 サブネット：200.100.50.64　　第 4 サブネット：200.100.50.96

第 5 サブネット：200.100.50.128

第 1 サブネットのホストアドレスの範囲を求める．

最小アドレス　200.100.50.1　（ネットワークアドレス +1）

最大アドレス　200.100.50.30　（つぎのネットワークアドレス −2）

第 2 サブネット以降のホストアドレスの範囲も同様に求める．

最小アドレス　200.100.50.33，最大アドレス　200.100.50.62

第 3 サブネット：最小アドレス　200.100.50.65，最大アドレス　200.100.50.94

第 4 サブネット：最小アドレス　200.100.50.97，最大アドレス　200.100.50.126

第 5 サブネット：最小アドレス　200.100.50.129，最大アドレス　200.100.50.158

例題 7.2 150.50.0.0のネットワークをサブネット化し，各サブネットに100台のホストを接続するために，つぎのものを求めよ．

(1) サブネットマスク

(2) 作成できるサブネット数

(3) 第2サブネットのネットワークアドレスとブロードキャストアドレス

(4) 第3サブネットに割り当て可能なIPアドレスの範囲

解 答

(1) まず，アドレスクラスを判別する．第1オクテットの値から，このネットワークはクラスBであることがわかる．サブネット部は第3オクテット以降から借用すればよい．利用したホストアドレス数が100個なので，$2^7 - 2 \geqq 100$から，7ビットをホスト部にすればよい．サブネット部は$16 - 7 = 9$ビットとなる．

11111111.11111111.11111111.10000000

したがって，サブネットマスクは，255.255.255.128となる．

(2) サブネット部は9ビットなので，サブネット数は$2^9 = 512$個となる．

(3) 第1サブネットは，150.50.0.0となる．ホスト部が7ビットなので，ネットワークアドレスは$2^7 = 128$ビットずつ増える．したがって，第2サブネットのネットワークアドレスは150.50.0.128となり，ブロードキャストアドレスは150.50.0.255となる．

(4) 第3サブネットのネットワークアドレスは，150.50.1.0となる．したがって，最小のホストアドレスは150.50.1.1，最大のホストアドレスは150.50.1.126となる．

7.3 CIDR

7.2節で説明したクラスフルアドレスの割り当ては，クラスA～Cの空間を単位として行われてきた．ところが，インターネットに接続しようとするネットワーク数が増大したため，IPアドレスの枯渇問題が発生した．さらに，クラスBではアドレス空間が大きすぎてアドレスを使い切れず，クラスCでは小さすぎるネットワークに複数のネットワーク番号を割り当ててきたため，8章で説明するルータが保持しなければならない経路数が増加するといった問題が発生した．

そこで，これらの問題を解決する方法として，CIDR（classless inter-domain routing）が提案された．現在のインターネットは，CIDRを用いて設計されている．CIDRはクラスの違いを意識する必要がない．CIDRでは，ネットワーク部を表す部分のビット長を可変として，クラスA～Cというクラス分けに関係なく，IPアドレスの割り当てを行う．この割り当て方法を「クラスレス」とよぶ．

CIDRでは，ネットワーク部にIPアドレスの上位から任意の長さを割り当てて，ネットワークプレフィックスとよぶ．IPアドレスに続いてスラッシュ（/）をつけ，その後に，ネットワークプレフィックス長を10進数で記述する．たとえば，192.168.10.0から16個のクラスCのネットワークを作成した場合のアドレス空間は，「192.168.10.0/20」と表記される．

また，CIDRによって共通のネットワークプレフィックスをもつアドレスを集約して，効率のよい経路集約を行うことができるようになった．

7.4 クラスレスを使うネットワークのサブネット化

7.2節では，クラスフルのネットワークのサブネット化について扱った．ここでは，クラスレスのネットワークのサブネット化の利点と，サブネット計算の手順について説明する．

7.4.1 クラスレスを使うネットワークのサブネット化の利点

7.2節で説明したとおり，クラスフルを使うネットワークをサブネット化すると，すべてのサブネットが同じ大きさとなる．例として，図7.12に示すネットワークを，クラスフルによってサブネット化した場合のサブネットアドレスの割り当てを表7.4に示す．表7.4のように，すべてのサブネットが同じ大きさであるため，同数のアドレスを割り当てることなる．ところが，図7.12の⑤のリンク部分のように，2個のアドレスしか必要ないにもかかわらず，126個のアドレスが割り当てられて124個の

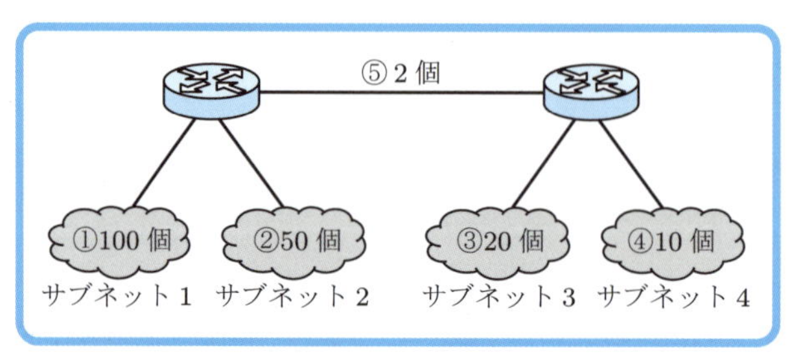

図7.12 サブネット化したネットワークの例

表7.4　サブネットアドレスの割り当て

サブネット	ネットワークアドレス	ホストアドレス	ホスト数
1	172.24.0.0/25	172.24.0.1〜172.24.0.126	126
2	172.24.0.128/25	172.24.0.129〜172.24.0.254	126
3	172.24.1.0/25	172.24.1.1〜172.24.0.126	126
4	172.24.1.128/25	172.24.1.129〜172.24.1.254	126
5	172.24.2.0/25	172.24.2.1〜2.126	126

アドレスが無駄になっているところもある．

そこで，サブネットマスクの長さを変えることで，各サブネットに必要な数だけのホストアドレスを割り当てる方式が利用されている．このとき，使用するサブネットマスクをVLSM（variable-length subnet mask：可変長サブネットマスク）とよぶ．

VLSMを使って，図7.12と同じネットワークをサブネット化すると，各サブネットに必要なホスト部のビット数は表7.5のようになる．各サブネットに必要なホスト部のビット数が異なることがわかる．表7.6にVLSMによってサブネット化した結果を示す．表7.4と異なり，⑤のリンク部分には必要な数（2個）のアドレスしか割り当てられていないことがわかる．つまり，VLSMによってアドレス割り当ての無駄が

表7.5　各サブネットに必要なホスト部のビット数

サブネット	必要なホスト数	ホスト部のビット数
1	100（$\leqq 2^7-2$）	7
2	50（$\leqq 2^6-2$）	6
3	20（$\leqq 2^5-2$）	5
4	10（$\leqq 2^4-2$）	4
5	2（$\leqq 2^2-2$）	2

表7.6　VLSMによるサブネット化

サブネット	必要なホスト数	ホスト部のビット数	割り当て可能なホスト数	サブネットマスク
1	100	7	126	/25
2	50	6	62	/26
3	20	5	30	/27
4	10	4	14	/28
5	2	2	2	/30

なくなる.

7.4.2 VLSMによるサブネット計算の手順

ここでは，VLSMによるサブネット計算の手順を説明する．図7.13に示すネットワークにIPアドレス「220.20.10.0」を割り当てるとする．各サブネットに必要なホストアドレスの数は図中に示している．リンク部分には最小のアドレス数を割り当てることとする.

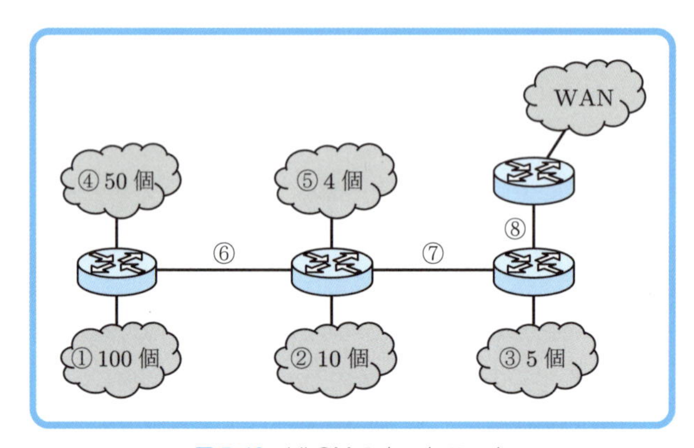

図7.13 VLSMのネットワーク

手順はつぎのとおりである.

❶必要なホスト数が多い順に並び替える.

❷各サブネットのサブネット部，ホスト部のビット数を計算する.

❸各サブネットのサブネットマスクを求める.

表7.7 VLSMの計算結果

サブネット	必要なホスト数	ホスト部のビット数	サブネットマスク	ネットワークアドレス	ホストアドレス
1	100	7	255.255.255.128	220.20.10.0/25	220.20.10.1～220.20.10.126
4	50	6	255.255.255.192	220.20.10.128/26	220.20.10.129～220.20.10.190
2	10	4	255.255.255.240	220.20.10.192/28	220.20.10.193～220.20.10.206
3	5	3	255.255.255.248	220.20.10.208/29	220.20.10.209～220.20.10.214
5	4	3	255.255.255.248	220.20.10.216/29	220.20.10.217～220.20.10.222
6	2	2	255.255.255.252	220.20.10.224/30	220.20.10.225, 220.20.10.226
7	2	2	255.255.255.252	220.20.10.228/30	220.20.10.229, 220.20.10.230
8	2	2	255.255.255.252	220.20.10.232/30	220.20.10.233, 220.20.10.234

❹並び替えた順に各サブネットにネットワークアドレスを割り当てる.
❺各サブネットのホストアドレスの範囲を求める.
この手順によって計算した結果を, 表7.7に示す.

例題 7.3 図7.14のネットワークに195.50.25.0を割り当てる. 各サブネットに必要なアドレスは図中に示している. このとき, ①～⑦の各サブネットのサブネットマスク, ネットワークアドレス, ホストアドレスの範囲を求めよ. ただし, リンクへの割り当ては, 最小のアドレス数とする.

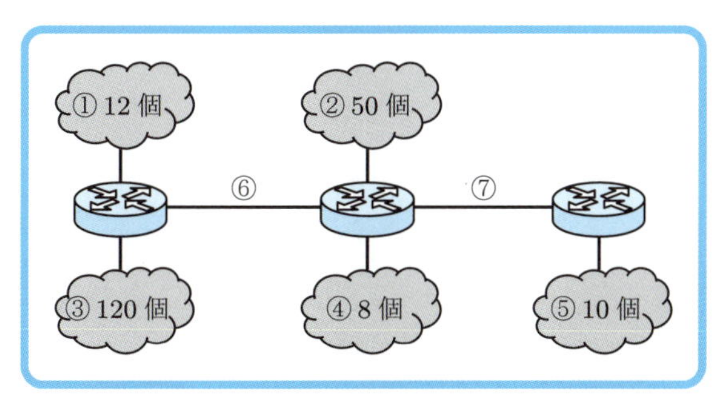

図7.14 VLSM例題

解 答
❶～❺の手順に従って計算する. 表7.8に, 各サブネットのサブネットマスク, ネットワークアドレス, ホストアドレスの範囲を示す.

表7.8 VLSMの計算結果

サブネット	必要なホスト数	ホスト部のビット数	サブネットマスク	ネットワークアドレス	ホストアドレス
3	120	7	255.255.255.128	195.50.25.0/25	195.50.25.1～195.50.25.126
2	50	6	255.255.255.192	195.50.25.128/26	195.50.25.129～195.50.25.190
1	12	4	255.255.255.240	195.50.25.192/28	195.50.25.193～195.50.25.206
5	10	4	255.255.255.240	195.50.25.208/28	195.50.25.209～195.50.25.222
4	8	4	255.255.255.240	195.50.25.224/28	195.50.25.225～195.50.25.238
6	2	2	255.255.255.252	195.50.25.240/30	195.50.25.241, 195.50.25.242
7	2	2	255.255.255.252	195.50.25.244/30	195.50.25.245, 195.50.25.246

7.5 IPアドレスの割り当て

7.5.1 IPアドレスの管理組織

インターネットで使うIPアドレスは重複してはいけない．このため，国際的な組織であるICANN（The Internet Corporation for Assigned Names and Numbers）とIANA（Internet Assigned Numbers Authority）によって，IPアドレスの割り当てのしくみが運用されている．ICANNはインターネットのIPアドレスやドメイン名（10章）などを世界的に調整，管理するための組織であり，その下部組織であるIANAは，IPアドレス，ドメイン名，ポート番号（9章）などの標準化，割り当て，管理を担当する組織である．まず，ICANNが世界を五つの地域に分割してアドレスを割り当てる．この五つの地域別IPアドレス管理団体は，ARIN（北アメリカ），RIPE NCC（ヨーロッパ），APNIC（アジア太平洋地域），LACNIC（南アメリカ，カリブ海地域），AfiNIC（アフリカ）である．つぎに，これらの地域別IPアドレス管理団体がIPアドレスを国別に割り振る．国別IPアドレス管理団体にはJPNIC（日本），KRNIC（韓国）などがある．日本の場合，JPNICから大手のインターネットサービスプロバイダ（ISP）がIPアドレスの割り当てを受け，それらを企業や個人に割り当てるという方法がとられている．

7.5.2 IPアドレスの配布方法

IPアドレスをホストに設定する場合，アドレスが重複しないように注意しなければいけない．一つのアドレスを複数のホストに設定すると，ホストを一意に識別できないため，正しく通信できない．通常，ネットワーク管理者は，使用中のIPアドレスと未使用のIPアドレスを把握している．ところが，ユーザが勝手にIPアドレスを使うと，ネットワークの利用状況の把握が困難であるだけでなく，トラブル発生時における対応ができない場合もある．そこで，IPアドレスを一元的に管理するしくみが重要となる．

IPアドレスをホストに割り当てる方法には，静的（スタティック）割り当てと，動的（ダイナミック）割り当ての二種類がある．

静的割り当ては，組織のネットワーク管理者が各ホストに手動で割り当てる方法である．サーバやネットワーク対応プリンターのように，ネットワーク上で共用する機器の場合，IPアドレスが変わらない静的割り当てが使われる．

動的割り当ては，IPアドレスを動的に割り当てる方法である．動的にIPアドレスを割り当てるプロトコルとして，以下のプロトコルなどが利用されている．

- RARP（reverse address resolution protocol）
- BOOTP（bootstrap protocol）
- DHCP（dynamic host configuration protocol）

RARPは，ハードディスクなどの外部記録装置をもたないディスクレスマシンとよばれるPCが通信を開始するときに，IPアドレスを取得するために使用する．ディスクレスマシンは，自身のMACアドレスを含んだRAPR要求をブロードキャストとして送信する．RAPR要求を受け取ったRARPサーバには，要求元のホストにIPアドレスを含んだRARP応答を返信する．つまり，RARPは，MACアドレスからIPアドレスを取得する場合に利用される．RAPRで取得できる情報はIPアドレスのみである．

DHCPは，IPアドレスを自動的に割り当てるしくみであり，現在一般に広く利用されている．DHCPを利用すると，IPアドレスの情報だけでなく，デフォルトゲートウェイやDNSサーバの設定情報などを同時に取得することができる．

7.5.3 DHCPのしくみ

DHCPは，DHCPサーバとDHCPクライアントの二つから構成される．DHCPサーバが各種設定情報を管理し，DHCPクライアントからの要求に応じて情報を配布する．DHCPクライアントはDHCPサーバに要求することで，IPアドレスなどの情報を受け取る．一般的なPCで使用されるOSには，DHCPクライアント用のプログラムが標準的に搭載されている．

DHCPで配布可能な主な情報は，以下のとおりである．

- IPアドレス
- サブネットマスク
- デフォルトゲートウェイ
- DNSサーバのIPアドレス
- WebサーバのIPアドレス
- メールサーバのIPアドレス

DHCPの動作は，つぎのとおりである．まず，DHCPクライアントは，DHCPサーバを発見するために，DHCP DISCOVERメッセージをブロードキャストとして送信する．DHCP DISCOVERメッセージを受け取ったDHCPサーバは，IPアドレス，サブネットマスクなどのDHCPクライアントに配布する情報の候補を，DHCP

OFFERメッセージに入れてDHCPクライアントに送信する．つぎに，DHCP OFFERメッセージを受け取ったDHCPクライアントは，IPアドレスを正式に利用するためのDHCP REQUESTメッセージをブロードキャストとして送信する．すでにDHCPサーバを発見しているにもかかわらず，DHCP REQUESTメッセージでもブロードキャストを使うのは，DHCPサーバが2台以上ある場合に，どのDHCPサーバからの設定情報を使うかを，すべてのDHCPサーバに通知するためである．指定されたDHCPサーバは，DHCP REQUESTメッセージを受け取ると，IPアドレスやその他の設定情報を提供するためのDHCP ACKメッセージを送信する．この四つのメッセージのやり取りにより，設定情報の割り当てが完了する．

7.5.4 DHCPによるアドレス割り当て方法

DHCPサーバにおけるIPアドレスの割り当て方法には，動的に割り当てる方法と，あらかじめ決まったアドレスを固定的に割り当てる方法の二種類がある．

動的に割り当てる場合，DHCPクライアントに割り当てるIPアドレスの範囲をアドレスプールとして設定しておき，DHCPクライアントからの要求があると，アドレスプールのなかから空いているIPアドレスを割り当てていく．アドレスを割り当てるとき，リース期間が設定され，そのリース期間の間だけ割り当てられたIPアドレスの使用が可能となる．DHCPサーバは，割り当てたIPアドレスと対応するMACアドレスおよびリース期間を管理している．リース期間が終了したIPアドレスは，ほかのDHCPクライアントに割り当てることができる．ただし，リース期間が終了するたびにIPアドレスが変わることのないように，リース期間の延長要求を何度でも行うことができるなど，同一のDHCPクライアントがなるべく同じアドレスを使い続けられるようにしている．

あらかじめ決まったアドレスを固定的に割り当てる方法では，あらかじめDHCPサーバにMACアドレスとIPアドレスの対応表を作成しておき，その対応表のとおりにIPアドレスの割り当てを行う．IPアドレスが変わらないようにしたいPCのIPアドレスの割り当てに使用される．

本章のまとめ

1. IPアドレスは，IPパケットのあて先を示すために使われる情報である．
2. IPアドレスは32ビット長であり，ネットワーク部とホスト部から構成される．
3. IPアドレスには五つのアドレスクラスがある．これをクラスフルアドレスとよぶ．
4. ネットワークアドレスとブロードキャストアドレスは，ホストに割り当てることはできない．
5. サブネットとは，ネットワークを分割したネットワークのことをいう．
6. サブネット化では，ホスト部からビットを借用する．
7. CIDRはクラス分けに関係なく，IPアドレスの割り当てを行う．
8. クラスレスのネットワークのサブネット化にはVLSMを使う．
9. IPアドレスは，管理団体によって割り振られている．
10. DHCPによってアドレスの自動割り当てが可能となる．

演習問題

7.1 IPv4 アドレスの長さ，表記方法，構造について説明せよ．

7.2 ネットワークアドレスとブロードキャストアドレスについて簡単に説明せよ．

7.3 サブネット化の利点について説明せよ．

7.4 CIDRについて簡単に説明せよ．

7.5 クラスレスを使うネットワークのサブネット化の利点について説明せよ．

7.6 DHCPについて簡単に説明せよ．

7.7 サブネットマスクが 255.255.255.240 の場合，作成できるクラスCのサブネットの数を求めよ．

7.8 222.111.0.0 のネットワークアドレスをもつ組織が，14 個のサブネットを作るとき，サブネットマスク，第 4 番目のサブネットアドレスにおいてホストに割り当て可能なIPアドレスの範囲を求めよ．

8章 ルーティング

本章では，ネットワーク層の機器であるルータと，ルータの重要な機能であるルーティングについて説明する．さらに，ルーティングのためのルーティングプロトコルについて説明する．ルーティングプロトコルはいくつかのプロトコルが使用されている．ここでは，方式の異なる二つの代表的なルーティングプロトコルを扱う．

Keyword　ルータ，ルーティング，ルーティングプロトコル，RIP，OSPF

8.1 ルータ

ルータは，ネットワークとネットワークを接続するために使用される接続装置の一つである．ルータは，IPヘッダのIPアドレスを判断基準として，受信したパケットを，自身が直接接続しているネットワークのいずれかに転送する．あて先が直接接続していないネットワークの場合には，隣接している別のルータにパケットを転送する．図8.1はシスコシステムズ社製のルータの外観である．

図8.1　シスコシステムズ社製ルータ

ルータには二つ以上のネットワークインターフェイスが装備されており，各インターフェイスには異なるネットワークのIPアドレスが割り当てられる．ルータはIP，IPX，AppleTalkなどの複数のプロトコルを扱うことができ，マルチプロトコルに対応している．

5章で説明したように，ルータによって分割された範囲をブロードキャストドメイ

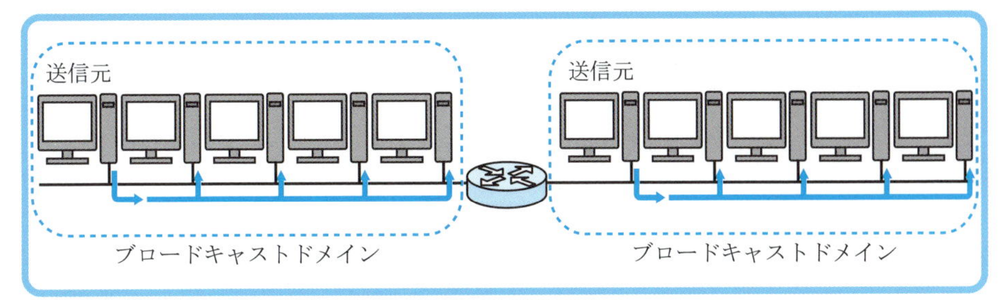

図 8.2 ブロードキャスト通信とブロードキャストドメイン

ンとよぶ．これはブロードキャストアドレスによる，ブロードキャスト通信が届く範囲となる．図 8.2 にブロードキャスト通信とブロードキャストドメインを示す．

ルータの重要な機能は，通信の経路を確立するルーティングである．ルータは，パケットを受信すると，ルーティングテーブル（経路表）を参照して，受信したパケットをつぎに自身のどのポートに出力するかを決定する．ルーティングテーブルの構成要素は以下のとおりである．

- 目的（あて先）のネットワークアドレス
- 出力ポート（ネットワークインターフェイス）
- つぎに経由する（next hop）ルータのIPアドレス
- メトリック：複数の経路がある場合どちらを選ぶかを決定する判断基準

8.2 ルーティング

ルータの役割は前述のとおり，あて先のIPアドレスをみて，ルーティングテーブルから経路を選択することである．この処理をルーティングという．ルーティングテーブルには，受信したパケットをつぎにどこへ転送すべきかを決定する情報が記述されている．ルータは，隣接するルータ間で経路情報を交換することで，ルーティングテーブルを作成，更新する．このとき，使用するプロトコルをルーティングプロトコルという．

8.2.1 ルーティングテーブル

ルーティングテーブルには，パケットをネットワークから別のネットワークへ転送するための経路の情報が記述されている．ルーティングテーブルは，ルータだけではなく，ネットワークに接続しているホストももっている．ルータにおけるルーティングテーブルの作成方法には，静的ルーティングと動的ルーティングの二種類がある．

8.2.2　静的ルーティング

図8.3のように，静的ルーティング（スタティックルーティング）は，管理者がルーティングテーブルを作成し，更新する方法である．静的ルーティングの利点は，経路情報をやり取りするためのパケットが流れないため，ネットワークへの負荷が少なく，ルータにも負荷をかけないことである．経路の変更がないネットワークでは有効な手段である．ルーティングテーブルの作成は，コマンドを入力して実行することで行われる．

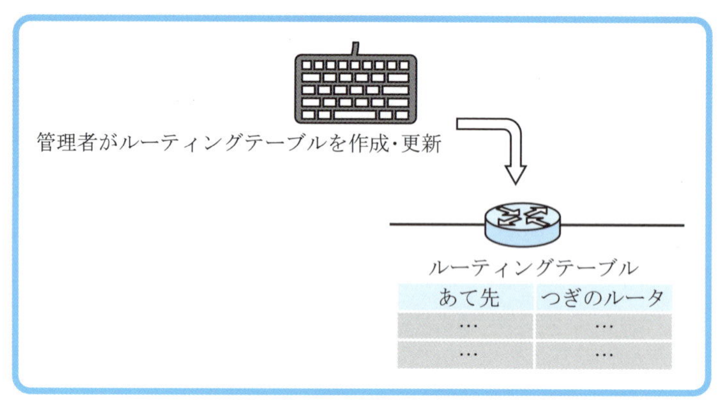

図8.3　静的ルーティング

新たにネットワークが追加される場合，ネットワークに接続しているすべてのルータのルーティングテーブルに，新しいネットワークのための経路情報を追加しなければならない．このとき，小規模なネットワークであれば，静的ルーティングによって対応できるが，ルータが数十台あるような規模の大きなネットワークにおいて，常に新しいネットワークの追加が発生するような場合，静的ルーティングで管理することは現実的に不可能である．また，静的ルーティングでは，ネットワークに障害が発生した場合，自動的に経路を切り替えるなどの処理ができない．そこで，静的ルーティングでは対応できない規模の大きなネットワークでは，動的ルーティングを使って，自動的にルーティングテーブルを管理する方法が用いられる．

8.2.3 動的ルーティング

図 8.4 のように，動的ルーティング（ダイナミックルーティング）は，ルーティングプロトコルの動作によって，自動的にルーティングテーブルを更新する方式である．ルータは，ほかのルータとの間で経路情報を交換することで経路の情報を自動的に収集し，ルーティングテーブルを更新する．ネットワークの障害が発生した場合，ルーティングテーブルを更新することで，自動的に経路を切り替えるなどの処理が可能であるため，管理者の負担が大幅に軽減される．動的ルーティングは，大規模のネットワークのルーティングには欠かすことができない技術である．

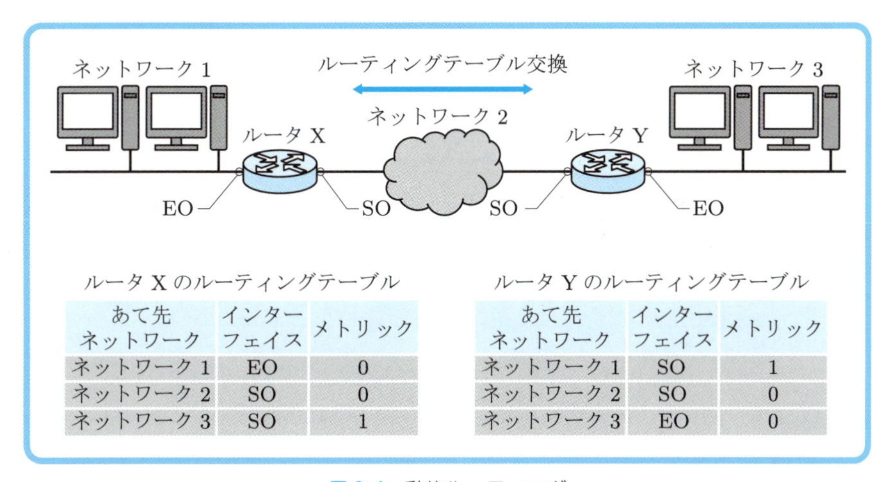

あて先ネットワーク	インターフェイス	メトリック
ネットワーク 1	EO	0
ネットワーク 2	SO	0
ネットワーク 3	SO	1

あて先ネットワーク	インターフェイス	メトリック
ネットワーク 1	SO	1
ネットワーク 2	SO	0
ネットワーク 3	EO	0

図 8.4 動的ルーティング

8.3 ルーティングプロトコル

ルーティングプロトコルには，経路選択に必要な情報の内容とその種類により，いくつかの種類がある．ネットワークの規模やトポロジに合わせて，最適なプロトコルを選択する．

ルーティングプロトコルはIGPとEGPの二つに分類できる．インターネットに接続しているネットワークは，AS（autonomous system：自律システム）とよばれるネットワークの単位に分けられる．これは，インターネットサービスプロバイダ（ISP）や企業・大学など，一つの管理ポリシー下に管理されているネットワークの集合体のことである．ASには，IANAで管理されているAS番号とよばれる識別番号が割り当てられており，一意に識別できる．このAS内部で使用されるルーティングプロトコルをIGP（interior gateway protocol）とよぶ．IGPにはRIP，OSPFなどがある．図8.5のように，一つのAS内部で，複数の種類のIGPを使用することがある．一方，AS間の経路情報を交換し，ASどうしを接続するために使用されるルーティングプロトコルをEGP（exterior gateway protocol）とよぶ．EGPにはBGP（border gateway protocol）が使われている．

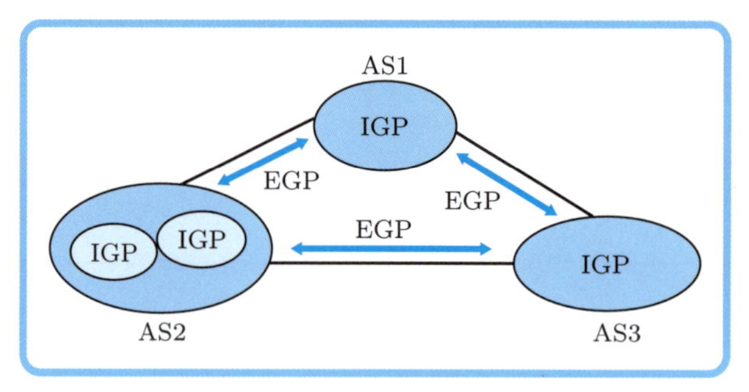

図8.5 IGPとEGP

8.4 RIP

RIP（routing information protocol）は，ディスタンスベクタ型のルーティングプロトコルである．ディスタンスベクタ型のルーティングは，距離（distance）と方向（vector）によって経路を決定する．RIPはメトリックに距離を使用する．メトリックとは，ルーティングプロトコルが最適な経路を選択するときの基準のことである．

ルータは隣接するルータに対して，定期的に経路情報として，ルーティングテーブルのコピーを送信する．受信したルータは，そのルーティングテーブルと自身のルーティングテーブルを比較して，ルーティングテーブルを更新する．RIPでは，30秒ごとに経路情報をブロードキャストによって交換する．

ディスタンスベクタ型のルーティングプロトコルの場合，距離はホップ数となる．ホップ数とは，経路中のルータの数のことである．RIPの場合，ホップ数をメトリックとして使用するため，ルータの数が少ない経路を最適な経路として選択する．RIPでは最大メトリックを15としているため，16ホップ以上のあて先にはパケットを転送することができない．また，メトリックにホップ数だけを使うため，必ずしも早い経路を選ぶとは限らない．

RIPをルーティングプロトコルに使う各ルータは，ルーティングテーブルを隣接するルータと交換する．このとき，隣接するルータから受けた経路情報を受け入れるのは，知らないネットワークの場合や，知っているネットワークだがメトリックが少ない場合である．

RIPのルーティングテーブルには，ネットワーク，あて先，メトリックの三つが一組の情報として記述される．これは一つのサブネットの経路に対応している．また，直接接続しているネットワークに関する情報は管理者によって設定される．

RIPによってルーティングテーブルが交換される動作を，図を使って説明する．図8.6は，直接接続しているネットワークの情報だけを設定した初期状態のルーティングテーブルの状態を示す．あて先のconnectedは直接接続していることを表す．直接接続しているのでメトリックはいずれも0となる．

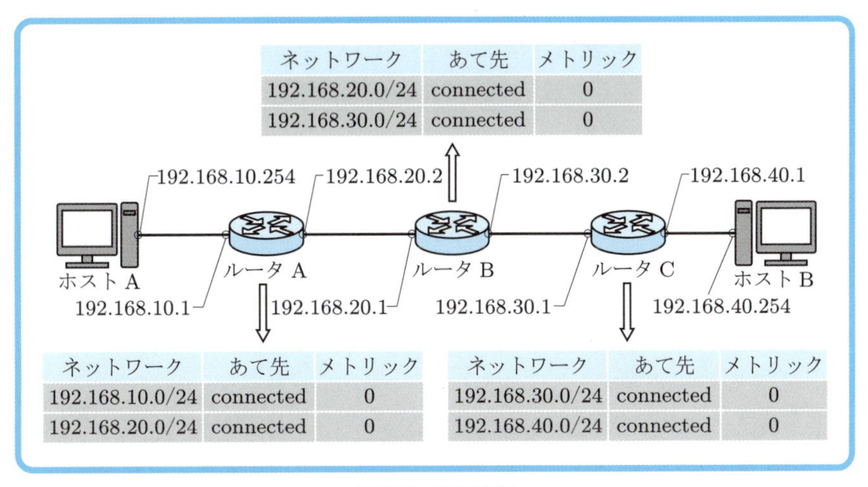

図8.6 初期状態

つぎに，ルータAがルーティングテーブルを送信すると，ルータBのルーティングテーブルは図8.7のように更新される．ルータBは，ルータAから受け取った情報と自身のルーティングテーブルを比較し，知らない情報（192.168.10.0/24への経路）をルーティングテーブルに加える．この場合，192.168.10.0/24あての通信は，192.168.20.2あてに送信し，メトリックは1である（別のルータを一つ経由する）ことがわかる．

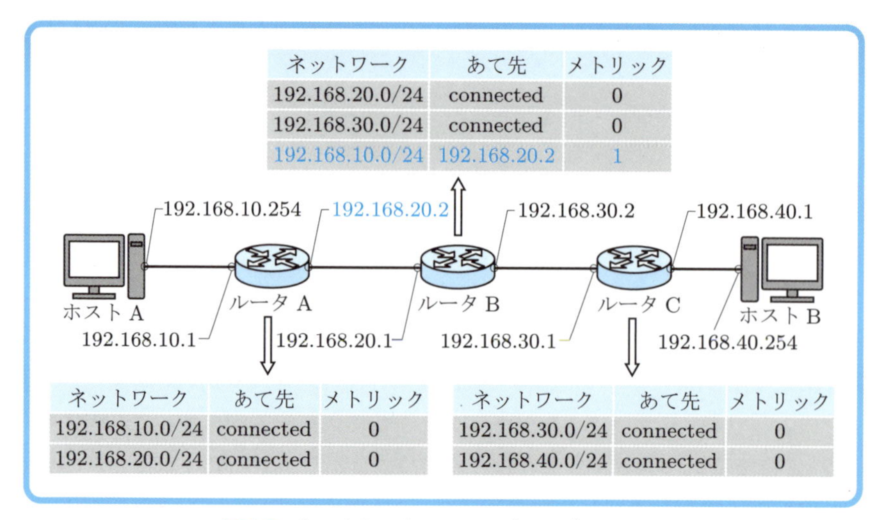

図8.7 ルータBのルーティングテーブルの更新

つぎに，ルータBがルーティングテーブルを送信すると，ルータCのルーティングテーブルは図8.8のように更新される．ルータCは，192.168.10.0/24と192.168.20.0/24への経路をルーティングテーブルに加える．このようにして，各ルータはルーティングテーブルを更新する．

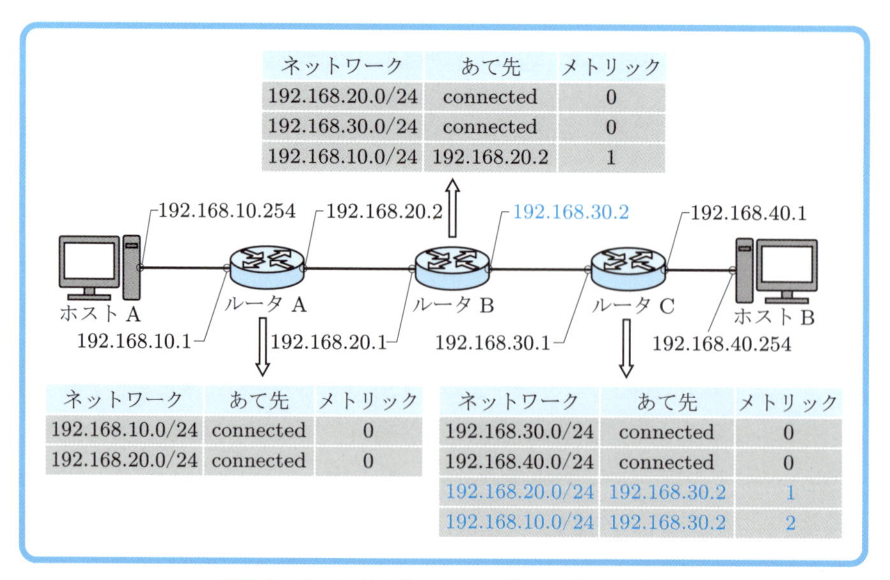

図8.8 ルータCのルーティングテーブルの更新

RIPには，RIPv1（バージョン1）とRIPv2（バージョン2）がある．RIPv1は，経路情報にサブネットマスクを含めない設定のため，CIDRには対応しておらず，VLSMを扱うことはできない．また，RIPv1は経路情報を30秒間隔でブロードキャストとして送信するため，ネットワークの負荷がかかるが，RIPv2はマルチキャストを使用して経路情報を交換する．そのほかに，RIPv2では認証機能をサポートすることで，パケットを受信するかどうかを決めることが可能である．現在では，RIPv2が主に使用されている．RIPは，簡単に導入できるルーティングプロトコルであり，小規模のネットワークで利用されている．

8.5 OSPF

OSPF（open shortest path first）は，リンクステート型のルーティングプロトコルである．リンクステート型のルーティングでは，ルータはネットワーク全体のトポロジのデータベースをもち，各ルータはその情報からルーティングテーブルを作成する．OSPFを用いる各ルータは，隣接するルータとのLSA（link-state advertisement：リンク状態）をマルチキャストにより交換する．これをフラッディングとよぶ．

OSPFでは，経路を評価するメトリックにコストを用いる．コストの低い経路が最適な経路として選択される．コストは，ネットワークの帯域幅，負荷，スループット，遅延などである．標準では，コストは帯域幅に基づいて計算され，100,000,000 /帯域幅［bps］により求める．OSPFでは最短経路を割り出す方法にダイクストラ法が使われる．

OSPFでは，ネットワークの変更があったときのみ，LSAを送信する．しかし，ネットワークの規模が大きい場合，ネットワーク全体のLSAを交換するときに大きなトラフィックが発生する．そこで，ネットワーク規模の増大に対処するため，図8.9のように，OSPFはネットワークを複数のエリアに論理的に分割する．各エリアはエリアIDによって識別される．すべてのエリアが接続するエリアをバックボーンエリアとよぶ．バックボーンエリアのエリアIDを「0」とする．図8.9の矢印のように，各エリア内でLSAが交換される．

エリア内のルータ（内部ルータ）は，ほかのエリアのLSAをもつ必要がない．バックボーンエリアとほかのエリアの境界のルータをエリア境界ルータとよび，エリア間はエリア境界ルータを介して通信される．エリア間のLSAはバックボーンエリアが

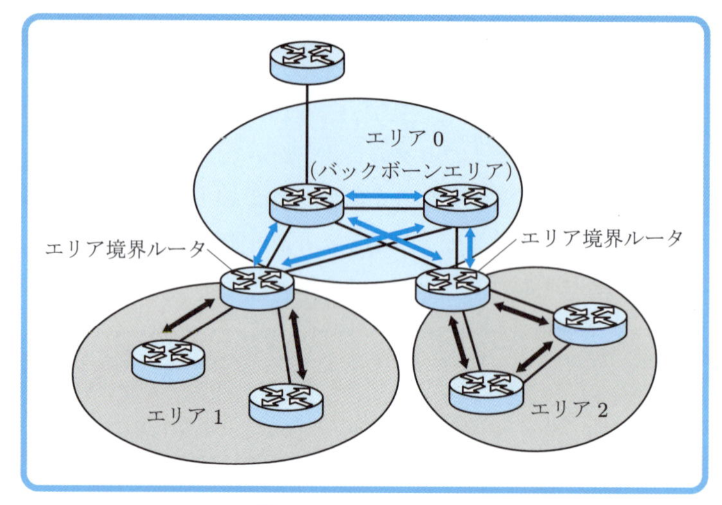

図8.9 OPSFのエリア

管理する.

OSPFの特徴の一つに，経路情報の変化が瞬時にフラッディングされるため，ネットワークが安定する状態（コンバージェンス）になるまでの時間が短いことがある．OSPFでは，Helloパケットを10秒ごとに送信して，隣接しているルータとの接続性を確認する．30秒以上待ってもパケットが届かない場合には接続できない状態にあると判断し，LSA更新パケットによってほかのルータに伝える．また，ネットワークのトポロジに変化がなく，コンバージェンスの状態にあるときは，各ルータは同期をとるために30分ごとにLSA更新パケットを送信する．

OSPFは，RIPv2と同様にVLSMをサポートしている．さらに，各種のパスワード認証方式を使用して，ルーティング認証の実装も可能である．OSPFはネットワークの大きさに関係なく安定して動作するため，小規模ネットワークから大規模ネットワークまで広く使われる．

本章のまとめ

1. ルータは，ネットワークとネットワークを接続するために使用される接続装置である．
2. ルータは，ルーティングテーブル（経路表）を参照して，パケットのあて先を決定する．

3. ルーティングには，静的ルーティングと動的ルーティングがある．
4. 動的ルーティングでは，ルーティングプロトコルを用いて経路情報が交換される．
5. RIP はディスタンスベクタ型のルーティグプロトコルである．
6. OSPF はリンクステート型のルーティングプロトコルである．

演習問題

8.1 ルータの機能について簡単に説明せよ．
8.2 静的ルーティングについて簡単に説明せよ．
8.3 動的ルーティングについて簡単に説明せよ．
8.4 RIP のメトリックを答えよ．
8.5 RIP の欠点について簡単に説明せよ．
8.6 OSPF の特徴について簡単に説明せよ．

9章 トランスポートプロトコル

本章では，トランスポート層の役割と，トランスポート層のプロトコルであるTCPとUDPについて説明する．二つのプロトコルに共通するポート番号の役割と，ポート番号を用いた通信を紹介する．つぎに，TCPの特徴と機能，ウィンドウ制御と輻輳制御のしくみについて説明する．最後に，もう一つのプロトコルであるUDPを紹介する．

Keyword　ポート番号，TCP，UDP，3ウェイハンドシェイク，ウィンドウ制御，輻輳制御

9.1 トランスポート層の役割

トランスポート層の役割は，ホスト - ホスト間で信頼性の高い通信を保証することである．ネットワーク層は確実にデータを届けてくれるという保証がないので，トランスポート層がデータを確実に相手のホストに届けるサービスを提供している．

ネットワーク層の機能によって，始点ホストから終点ホストへIPパケットの配送が可能となる．ただし，IPパケットが終点ホストに届いたとしても，それだけでは通信が完了したとはいえない．通信を完了させるためには，目的のホストで動作しているアプリケーションに，データを確実に配送しなければならない．この役割を担当しているのがトランスポート層である．

また，データリンク層との違いはつぎのとおりである．データリンク層は1本の通信回線につながっているホスト - ホスト間，ホスト - ルータ間，ルータ - ルータ間の通信を担当する．一方，トランスポート層では，複数のネットワークが介在する環境での通信を担当する．また，介在するネットワークの形態や数がわからないなかで，データを確実に相手に届けるサービスを実現している．

9.2 ポート番号

一般に，コンピュータ上では，いくつかのアプリケーションが同時に起動している．ポート番号は，このアプリケーションを識別するために使用する番号である．IPネットワーク上で通信する場合，IPアドレスによってあて先のホストを認識することができるが，IPアドレスだけではデータをどのアプリケーションに渡すべきかの判断はできない．そこで，図9.1のように，ポート番号を使用してデータを渡すアプリケーションを識別する．

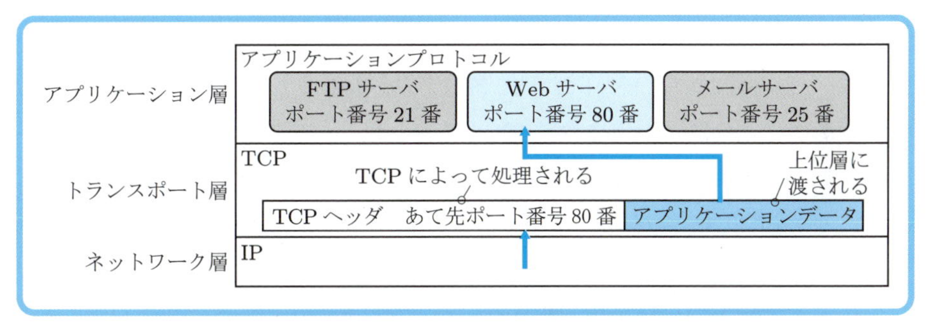

図9.1　ポート番号の役割

表9.1のように，ポート番号は三つに分類される．well-knownポート番号は，インターネットの世界で一般的に広く利用されるアプリケーションが使うポート番号である．表9.2に代表的なwell-knownポート番号を示す．あらかじめ決められた番号を使うことによって，広く利用されているアプリケーションの識別が容易に可能となる．

表9.1　ポート番号の分類

ポート番号の範囲	名　称	用　途
0～1023	well-knownポート	代表的なサービスが使用
1024～49151	登録ポート	特定のサービスが使用
49152～65535	ダイナミック／プライベートポート	自由に使用できる

表9.2　代表的なwell-knownポート番号

ポート番号	サービス／アプリケーション名
20	FTP（データ）
21	FTP
23	Telnet
25	SMTP
53	DNS
80	HTTP
110	POP3

登録ポート番号は，特定のアプリケーションが通信を行うとき，この範囲のなかで特定の番号を登録することで，使用できるように用意された番号である．たとえば，セキュリティソフトやデータベースなどの特定のプログラムがこの範囲の番号を登録して使用する．登録済みであっても，とくに支障がないかぎり自由に使うことができる．ダイナミック／プライベートポート番号は自由に使用できるポート番号であり，クライアント側のアプリケーションが通信するときに，OSが未使用のポート番号を割り当て，サーバ側からの返信を受けるための識別番号とする．

送信元ポート番号とあて先ポート番号は組にして使用する．たとえば，あるクライアントPCがWebサーバにアクセスする場合，送信元ポート番号には49152～65535番のうちの空き番号が付与され，あて先ポート番号には，Webサービスが使用するプロトコルであるHTTPのポート番号80番が指定される．アプリケーションごとに異なる送信元ポート番号が付与されるので，1台のPC上で同時に複数のアプリケーションを使った通信が可能となる．たとえば，WWWのホームページの閲覧しながら，メールの送受信が可能となる．図9.2はポート番号を使った通信のイメージ図である．

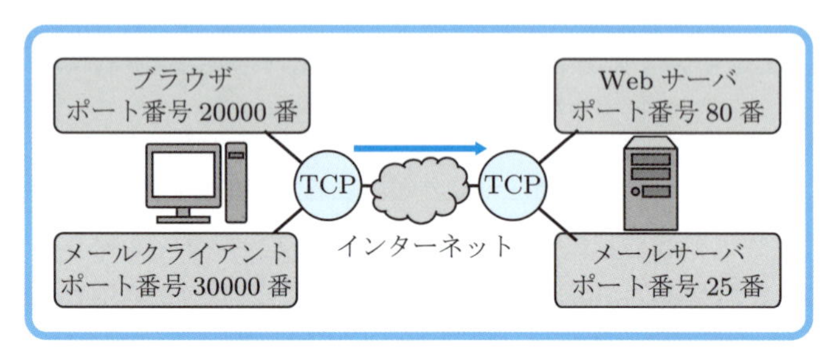

図9.2　ポート番号を使った通信

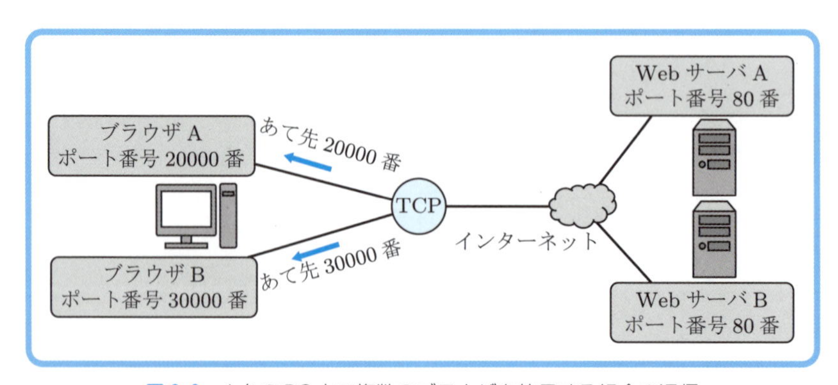

図9.3　1台のPC上で複数のブラウザを使用する場合の通信

図9.3は1台のPC上で複数のブラウザを使用する場合の通信のイメージ図である．この場合，ブラウザごとに使うポート番号が異なるため，1台のPC上で複数のブラウザによる通信が可能となる．

9.3 通信の形態

通信の形態を二つに大別すると，コネクション型とコネクションレス型に分けられる．通信する場合，ホスト間で，通信の開始と終了に関する制御を行う場合がある．この制御のことをコネクションの確立とよぶ．コネクションを確立してから通信を開始する通信形態をコネクション型とよび，コネクションを確立せずに通信を開始する通信形態をコネクションレス型とよぶ．TCPはコネクション型であり，UDPはコネクションレス型である．

コネクション型であるTCPでは，コネクションが確立されている間だけデータの送受信が可能である．データの送受信が完了すると，コネクションを切断する．コネクションは一対一で通信できる仮想的な通信路である．

コネクションレス型であるUDPは常にデータの送信が可能であるが，相手がいつ受信するかわからない．UDPにおいて，通信の開始や停止に関する制御が必要な場合は，アプリケーションにおいて管理する．図9.4に，コネクション型通信とコネクションレス型通信の違いを示す．

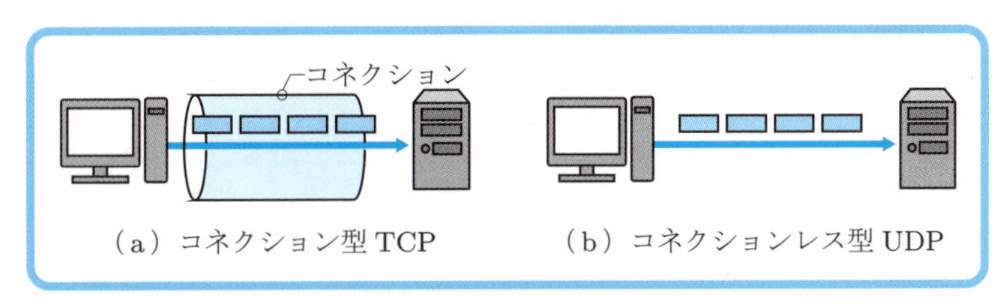

図9.4 コネクション型通信とコネクションレス型通信

9.4 TCPの機能

図9.5にTCPのヘッダフォーマットを示す．TCPは信頼性の高い通信を実現する

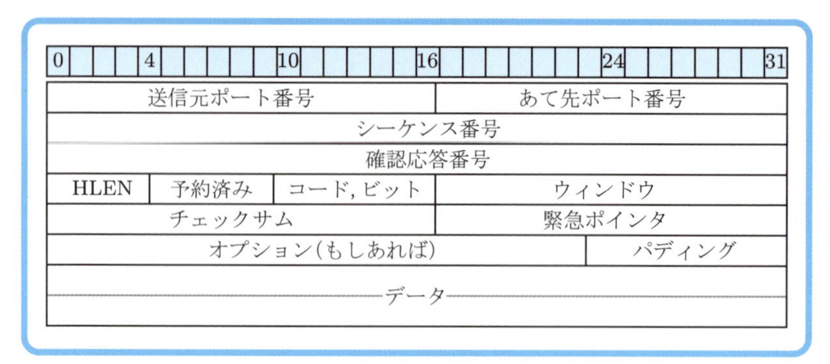

図9.5 TCPのヘッダフォーマット

ためのプロトコルである．相手と確実に通信するために，TCPではTCPコネクションとよばれる専用の通信路を使う．このTCPコネクションを確立するために使用されるのが，シーケンス番号，確認応答番号，コードビットである．

シーケンス番号は，送信するデータの先頭バイトの番号である．確認応答番号は，つぎに送信して欲しいデータの先頭のバイトの番号である．

コードビットは制御ビットともよばれ，TCPの通信を制御する．表9.3のように，コードビットは，1ビットごとに役割が決められている．それぞれのビットには1か0が入る．1が入っている状態を「フラグが立つ（立っている）」とよぶ．フラグとは旗のことである．TCPコネクションの確立に使用するコードビットは，SYNとACKである．たとえば，SYNビットが1の場合，「SYNフラグが立つ（立っている）」という．

TCPではネットワークを効率的に利用するために，ウィンドウズサイズを用いたウィンドウ制御が可能である．さらに，ネットワークの混雑を回避するために，スロースタートと輻輳回避の2段階の輻輳制御を行う．

表9.3 コードビット

コードビット	メッセージ	意味
URG	urgent	緊急に処理するデータが含まれる．
ACK	acknowledgement	セグメントの受け取りを通知する．
PSH	push	セグメントをアプリケーションにすみやかに引き渡す．
RST	reset	強制的に接続を切断する．
SYN	synchronize	TCPコネクションの確立時に使用する．
FIN	finish	TCPコネクションの終了時に使用する．

9.5　3ウェイハンドシェイク

TCPでは，確実な通信を実現するために，まずTCPコネクションを確立する．コネクションの確立のために，SYNフラグ，ACKフラグ，シーケンス番号，確認応答番号が使われる．TCPでは，これらを使って3回のやりとりを行い，コネクションを確立する．この3回のやりとりを3ウェイハンドシェイク（3方向ハンドシェイク）とよぶ．コネクションの確立とは，シーケンス番号と確認応答番号を初期化して，使用するポート番号について合意することである．

図9.6に3ウェイハンドシェイクのしくみを示す．コネクションを確立する場合，まずクライアントが，SYNフラグを設定した（SYNフラグが立っている）セグメントを，サーバに送信してコネクションの確立を要求する（図9.6の①）．このセグメントは，クライアントとサーバ間で，シーケンス番号を同期させるためのもので，データを含まない．シーケンス番号の初期値は，各ホストの時計をもとにランダムな値が設定される．図9.6の例では1000とする．

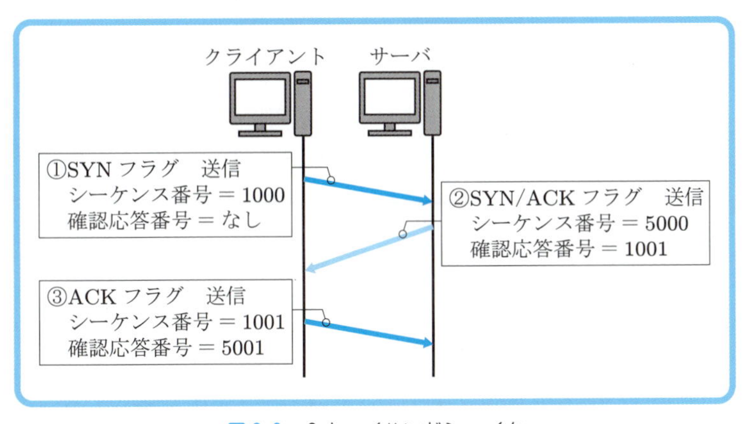

図9.6　3ウェイハンドシェイク

クライアントからのSYNフラグを設定したセグメントを受け取ったサーバは，クライアント側のシーケンス番号の初期値を記憶し，そのシーケンス番号の初期値に1を加えた値を確認応答番号として，シーケンス番号とともに返す（図9.6の②）．このとき，SYNフラグとACKフラグが設定される．ここでサーバ側からシーケンス番号を送るのは，逆向きの通信のためのコネクションを確立するためである．このシーケンス番号も，ランダムな値が設定される．この例では5000とする．

最後に，クライアントが，サーバ側からSYNフラグとACKフラグが設定されているセグメントを受け取ると，シーケンス番号を記憶し，サーバにACKフラグを設定したセグメントを返す（図9.6の③）．このとき，確認応答番号に，サーバ側から送られてきたシーケンス番号に1を足した値を入れる．このセグメントをサーバが受け取ることで，双方向のTCPコネクションが確立される．

3ウェイハンドシェイクによってコネクションが確立されると，データ転送が開始される．データの転送の様子を図9.7に示す．この例では，一度に500バイトのデータを送る様子を表している．シーケンス番号と確認応答番号には，3ウェイハンドシェイク直後と同じ値が設定される．図9.7の①のシーケンス番号は，送信するデータの先頭の位置を表している．まず，クライアントがACKフラグと最初の500バイトのデータをまとめたTCPセグメントをサーバに送信する．TCPセグメントを受信したサーバは，確認応答番号として①のシーケンス番号に受信したデータサイズを加算した値「1501」（1001 + 500）が設定され，ACKフラグを設定したセグメントを送信する（図9.7の②）．このとき，サーバからはデータを送信しないので，サーバから送られるセグメントのシーケンス番号は5001番のままとなる．

サーバからのACKフラグを設定したセグメントを受信したクライアントは，つぎの500バイトを送信する（図9.7の③）．このとき，シーケンス番号は1501となる．このTCPセグメントを受信したサーバは，確認応答番号に2001（1501 + 500）を入

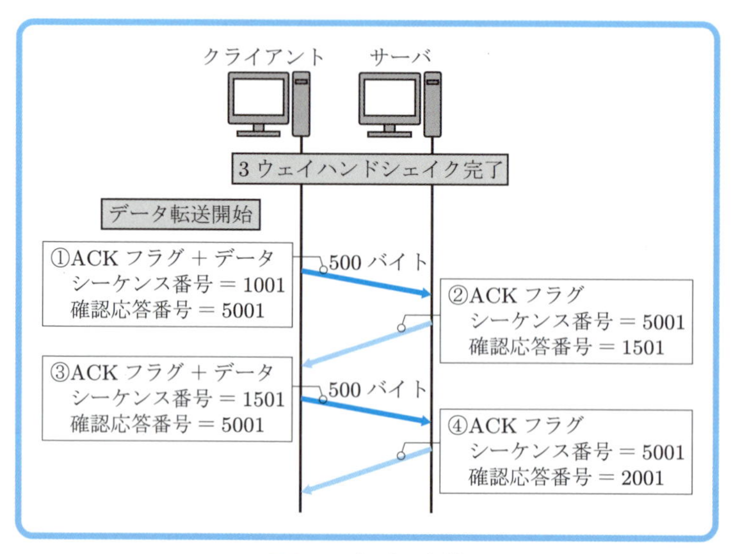

図9.7　データの転送

れたACKフラグを設定したセグメントをクライアントに送信する（図9.7の④）．以降，送信側がTCPセグメントを一つ送ると，受信側はそのセグメントを受信したことを通知するための確認応答を一つ返すという動作を繰り返す．この場合，送信側は確認応答を受け取るまで，つぎのセグメントを送信できない．

データ転送が終了すると，コネクションを切断する．コネクションの切断は，切断を要求する側がFINフラグを設定したセグメントを送信する．コネクションの切断は4回のやりとりによって実行される．

コネクションを確立したとしても，確実にデータの転送ができるわけではない．ネットワークの中でデータが喪失したり，順序が入れ替わったりすることがある．そこで，TCPでは，転送中のデータが喪失したり，順序が入れ替わったりした場合に対応するしくみが用意されている．

セグメントが届かない場合，そのセグメントのシーケンス番号に対応する確認応答番号が返ってこない．これによって，送信側ホストは送ったセグメントが届いていないことを知る．図9.8のように送信データが喪失した場合，ある一定時間待機し，確認応答番号が返ってこなければ，そのセグメントは届かなかったと判断して再送する．これをタイムアウトによる再送制御とよぶ．待機する時間は，往復遅延時間（RTT）を基準に決められる．その決め方は，TCPの実装によっていくつかの方法が提案されている．

届いたセグメントの順番が入れ替わった場合には，シーケンス番号を利用して正しい順序に入れ替える．シーケンス番号は，TCPコネクションが切断されるまで連続した数値が割り当てられる．したがって，受信側ホストでは受け取ったセグメントを

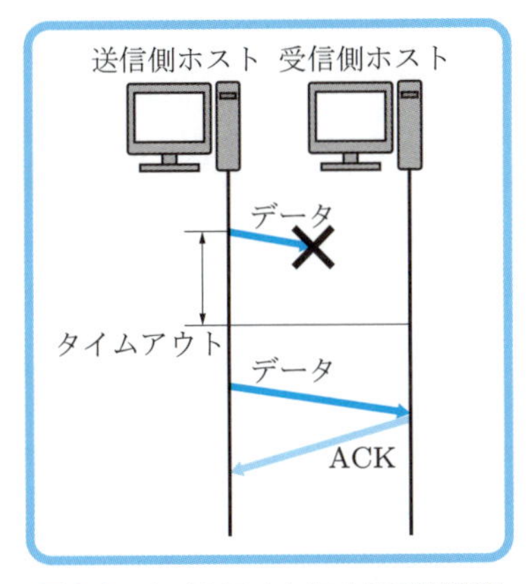

図9.8　タイムアウトによる再送制御

シーケンス番号順に並べれば，元のデータを正確に再現できる．

9.6 ウィンドウ制御

図 9.7 の例では，送信側ホストが一つのセグメントを送信し，受信側ホストがそれを受け取ると一つの確認応答を返信するしくみについて説明した．この場合，送信側ホストが確認応答を受信するまで，つぎのセグメントの送信ができないため効率が悪い．そこで，TCP では，確認応答がこなくても，連続してセグメントを送ることができるウィンドウ制御というしくみが用意されている．図 9.9(a) は，一つのセグメントの送信に対して，確認応答が届くのを待ってつぎのセグメントを送信しているため効率が悪い．図 (b) のように連続してセグメントを送れば，効率よく通信できる．連続して送ることができる大きさをウィンドウサイズとよぶ．図 (a) はウィンドウサイズが 1 の場合を示し，図 (b) はウィンドウサイズが 3 の場合を示している．

ウィンドウサイズは，受信側ホストの処理能力によって決まる．受信側ホストから通知されるウィンドウサイズを告知ウィンドウとよぶ．大量にデータが届いたり，受信側ホストのアプリケーションの処理が間に合わなかったりすると，受信側ホストの

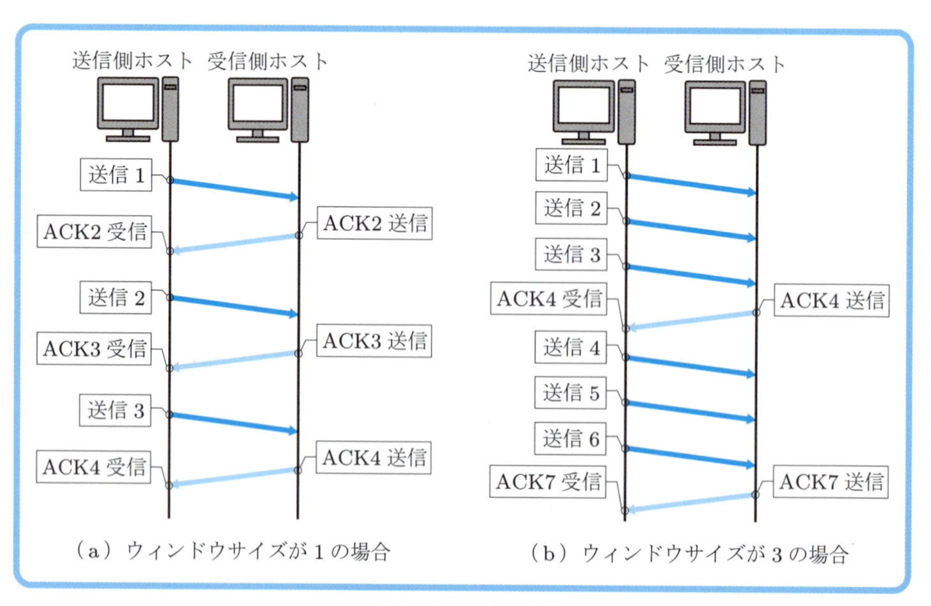

図 9.9 ウィンドウ制御

処理能力を越える．告知ウィンドウによって，ウィンドウサイズを受信側ホストの処理能力に応じて変更することで，受信側ホストがデータを受信しきれなくなることを防ぐことができる．このように，受信側ホストの能力に対応した転送速度の制御をフロー制御とよぶ．

9.7 輻輳制御

ネットワークが混雑している状態を輻輳という．ネットワークの輻輳の状態に応じて転送速度を調整することで，輻輳を回避するしくみを輻輳制御とよぶ．TCPでは，輻輳制御にデータの送信側で保持するウィンドウサイズの値である輻輳ウィンドウを使う．ネットワークの輻輳の状態に応じて，輻輳ウィンドウによってウィンドウサイズを制限することで，転送速度を調整し，輻輳の発生を防ぐことができる．

輻輳制御の中心となる技術は，スロースタートと輻輳回避とよばれる二つの通信段階である．この二つの通信段階は，輻輳ウィンドウを増加させる方法が異なる．

スロースタート段階は，新しい通信を行う場合や，輻輳を回避したあとで，再び転送速度を上げようとする場合に用いられる．スロースタートによる通信では，輻輳ウィンドウを1に設定して通信を開始する．確認応答を受信するたびに，輻輳ウィンドウを1セグメント分の大きさだけ増加させる．図9.10にスロースタートによる通信を示す．①の通信では輻輳ウィンドウが1に設定されているため，セグメントを一つ転送し，確認応答を一つ受け取る．②では，輻輳ウィンドウを一つ増加させ，2に設定し二つのセグメントを転送する．③では，二つの確認応答を受信したため，ウィンドウサイズを二つ増加させ4に設定し，四つのセグメントを転送する．スロースタートでは，一往復ごとに輻輳ウィンドウは2倍に増加していく．

輻輳ウィンドウの値が，スロースタート閾値とよばれる値を超えると，スロースタート段階から輻輳回避段階に移る．ここからは，輻輳ウインドウは受信した確認応答の数にかかわらず一往復ごとに1セグメント分の大きさだけ増加する．TCPでは，このように輻輳が発生する可能性の低い段階では，送信するデータ量を早く増加させ，輻輳が発生する可能性が高くなってきたら増加させるデータ量を少なくする．これによって輻輳を回避する．

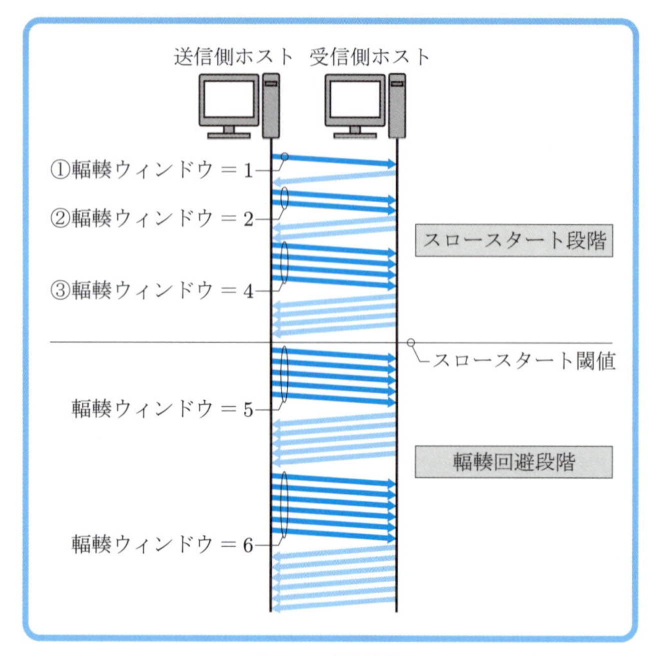

図 9.10 輻輳制御

9.8 UDPの機能

トランスポート層のもう一つのプロトコルはUDPである．UDPは，コネクションレス型の通信であり，TCPが提供する再送制御，ウィンドウ制御，輻輳制御などは規定されていない．UDPは，何もしないことに価値のあるプロトコルであり，UDPはIPの機能をアプリケーションから直接使いたい場合に使用する．UDPを使う場合，トラフィックの制御はすべてアプリケーションに任す．

TCPは信頼性を要求する通信であり，大量のデータを扱い，長時間の通信において使用される．一方，UDPは少量のデータを扱い，短時間での通信で使用する．TCPは一対一通信のユニキャスト専用のプロトコルであるのに対して，UDPはユニキャスト，多対多通信のマルチキャスト，一斉通信のブロードキャストのすべてに対応可能である．このような特徴から，UDPはマルチメディア系のデータ配送に使用される．

図 9.11 にUDPのヘッダフォーマットを示す．TCPのヘッダフォーマットと比較して，非常に単純な構造であることがわかる．共通点はポート番号とチェックサムだ

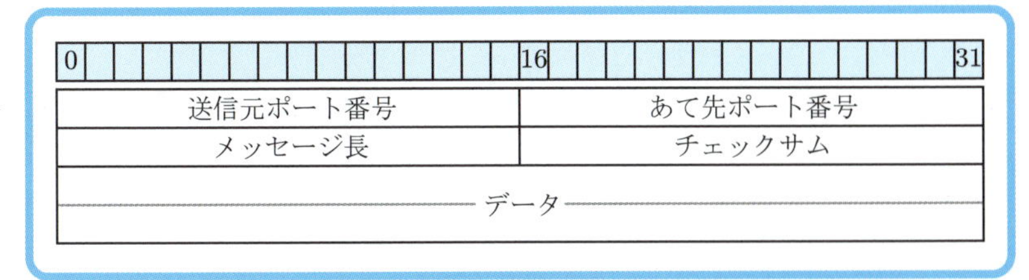

図 9.11 UDPヘッダフォーマット

けである．

UDPはビデオ会議システムなどのマルチメディア系のデータ配送において使用されるプロトコルである．UDPをマルチメディア系の通信で利用する理由は，以下のとおりである．たとえば，ビデオ会議では，リアルタイムなデータの配送が要求される．送信側のカメラとマイクから映像と音声が入力され，アプリケーションによってデータ処理が施されたあと，ネットワークへ送出される．ネットワークを伝送したデータは，受信側のアプリケーションで再現される．このとき，送信側が送出した時間間隔で，受信側において再現することで，スムーズな映像と音声が再生される．ところが，ネットワーク上ではさまざまな要因によって，データの遅延や喪失，パケットの順番の入れ替わりが発生する場合が考えられる．たとえば，リアルタイムな音声通信では，届いたデータをその順序で再生していかなければリアルタイム性が確保できないため，届かないデータがあったとしても，その部分はデータがないものとして再生を進めていく．一部のデータが届かなかった場合に，そのデータの再送をトランスポート層で行い，喪失したデータをあとから送ってもらったとしても，そのデータが届いたときには再生が終わっているため，無駄である．また，トラフィック制御などをアプリケーションにおいて実行したい場合には，トランスポート層での制御は不要となる．さらに，比較的データの量が少なく短時間での通信にとって，TCPのコネクション確立は負荷のかかる作業となる．このような理由から，マルチメディア系のデータ配送などのように，アプリケーションにおいてトラフィックの制御を行う場合には，UDPを使用する．

本章のまとめ

1. トランスポート層の役割は，ホスト - ホスト間での信頼性の高い通信を保証することである．

2. トランスポート層のプロトコルには，TCPとUDPがある.
3. アプリケーションを識別するために使用する番号を，ポート番号という.
4. TCPはコネクション型通信であり，UDPはコネクションレス型通信である.
5. TCPは，SYNフラグ，ACKフラグ，シーケンス番号，確認応答番号を使ってコネクションを確立する.
6. TCPコネクションを確立する手順を3ウェイハンドシェイクとよぶ.
7. TCPはウィンドウ制御によって，受信側の能力に対応した転送速度を制御する.
8. 輻輳制御機能には，スロースタート段階と輻輳回避段階がある.
9. UDPはマルチメディア系アプリケーションなどで使用される.

演 習 問 題

9.1 トランスポート層の役割について簡単に説明せよ.

9.2 ポート番号の役割について説明せよ.

9.3 3ウェイハンドシェイクによって，TCPコネクションが確立されるまでの手順を説明せよ.

9.4 ウィンドウ制御について簡単に説明せよ.

9.5 輻輳制御の二つの段階について，それぞれ簡単に説明せよ.

9.6 UDPの利点について説明せよ.

10章 ドメイン名とDNS

インターネット上のすべてのコンピュータは，IPアドレスを指定することで通信できる．しかし，利用者が電子メールの送信時やホームページの閲覧時に，数字の連続であるIPアドレスを指定することは稀であり，コンピュータの名前であるホスト名を含むドメイン名をあて先に指定する．このため，IPアドレスとドメイン名を関連づける名前解決のしくみが必要となる．このしくみをDNS（domain name system）とよぶ．DNSは，ホスト名を一意に識別して管理を容易とするために，階層的な名前空間をもっており，これらの情報を分散管理している．本章では，ドメイン名とDNSのしくみについて説明する．

Keyword　ドメイン名，DNS，ネームサーバ，リゾルバ，権威DNSサーバ，キャッシュDNSサーバ

10.1 ドメイン名

ブラウザを使ってホームページを閲覧するとき，http://www.kindai.ac.jpのような文字列を入力する．この文字列のうち，「www」はホスト名とよばれるサーバの名称である．「www」はインターネットでもっとも多く使われているホスト名であるため，これだけではインターネット上の特定のホストを識別することはできない．

そこで，インターネットでは，階層的な名前空間を備えたドメイン名を用いることで，すべてのホストを一意に識別することを可能としている．たとえば，インターネットにおいて，近畿大学という組織を指すドメイン名であるkindai.ac.jpは，図10.1のように木構造となっている．節となる部分をノードとよび，最上位のノードをルートとよぶ．階層の順位はレベルで表す．ルートのすぐ下のレベルをトップレベルとよぶ．ノードにはラベルがつけられていて，トップレベルにはcom，edu，jp，ukなどのラベルがついている．

ドメイン名は，この階層的な名前空間の一部分を示しており，各ドメインがそれぞれ別の組織に対応づけられている．ドメイン名は，「.（ドット）」によって階層を分け

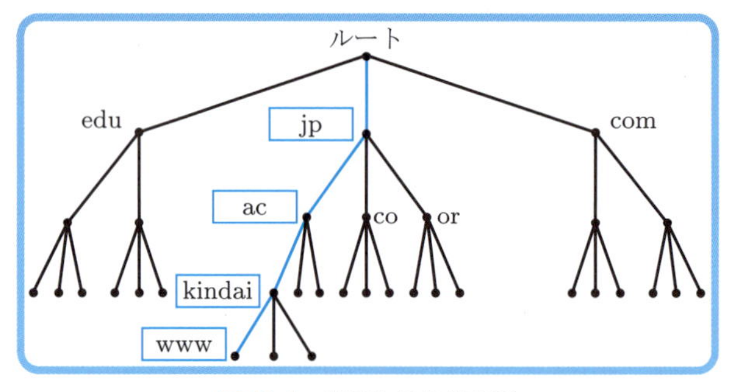

図 10.1 階層的な名前空間

ており，それぞれ分けられた部分をラベルとよぶ．右にあるラベルほど上位の階層となり，最も右側のラベルをTLD（トップレベルドメイン）とよぶ．ドメインにはつぎの分類がある．まず，TLDで分類すると，表10.1のように，gTLD（generic TLD：分野別トップレベルドメイン）と，ccTLD（country code TLD：国コードトップレベルドメイン）に大別される．

表 10.1 TLDの例

種　別	ラベル	意　味	説　明
gTLD	com	commercial	商用
	edu	educational	教育機関
	net	network service	ネットワークサービス
	org	organization	非営利法人
	int	international	国際協定により設立された組織
	gov	governmental	アメリカ政府機関
	mil	military	アメリカ軍事機関
ccTLD	jp	Japan	日本
	us	USA	アメリカ
	uk	United Kingdom	イギリス
	fr	France	フランス

ドメイン名の構成を図10.2に示す．ドメイン名全体の長さは253文字以下，1ラベルの長さは63文字以下と決められている．

gTLDには従来，「com」，「net」，「org」，「edu」，「gov」，「mil」，「int」の七つがあ

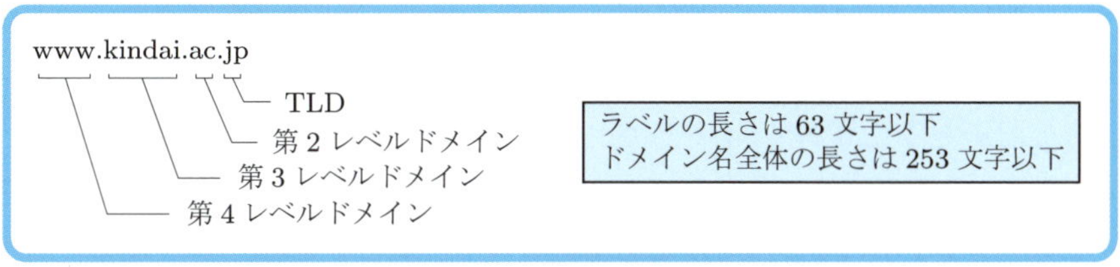

図10.2 ドメイン名の構成

ったが，新しいgTLDとして，「biz」，「info」，「name」，「pro」，「museum」，「aero」，「coop」などが追加された．これら以外にも新しいgTLDが順次追加されている．

ccTLDは，各国・地域に割り当てられたTLDである．ccTLDは，原則としてISOで規定されている2文字の国コードを使用している．ccTLDとして，日本は「jp」，韓国は「kr」，イギリスは「uk」が割り当てられている．

日本のccTLDである「jp」（JPドメイン）には，汎用JPドメイン，都道府県型JPドメイン，属性型JPドメイン，地域型JPドメインの四種類がある．汎用JPドメインは，個人でも組織でも日本に住所があれば登録可能である．日本語ドメイン名も登録可能である．属性型JPドメインは，組織の種別ごとに区別されたドメイン名である．一つの組織が登録できるドメイン名は一つと決められている．表10.2のように，属性型JPドメインは，大学などを示す「ac.jp」や，企業などを示す「co.jp」が規定されている．地域型JPドメインは2012年3月31日で新規受付終了した．

インターネットにおけるドメイン名は，このような種類が規定され，運用されてい

表10.2 属性型JPドメイン

種　別	トップ	意　味	説　明
ac	jp	academy	教育機関（大学など）
co		commercial	企業
go		government	政府機関
or		organization	非営利法人
ad		administrator	JPNIC会員ネットワーク
ne		network service	ネットワークサービス
gr		group	任意団体
ed		education	教育機関（小中高など）
lg		local government	地方公共団体

る．ところが，たとえばkindaiだけでは，ドメインを一意に識別することはできない．ドメインを一意に識別するためには，TLDから記述する必要がある．つまり，「kindai.ac.jp」と記述することで，インターネット上で唯一のドメイン名として識別できる．このような完全なドメイン名をFQDN（fully qualified domain name）とよぶ．さらに，インターネットにおいてもっとも多いホスト名であるwwwというホスト名を特定する場合も，www.kindai.ac.jpと記述することにより，kindai.ac.jpドメインの内部でホスト名に重複がなければ，一意に識別することが可能となる．

10.2 DNS

図10.1のように，ドメイン名は階層的な名前空間を備えている．階層的な名前空間にすることで，ホスト名の管理も容易になる．たとえば，kindai.ac.jpドメイン内に新たなホストを追加する場合，そのホストにつけるホスト名がkindai.ac.jpドメイン内において重複がなければよく，kindai.ac.jp外のインターネット全体のホスト名まで考慮する必要はない．そのため，各ドメイン内でのホスト名の分散管理が可能となる．この分散管理を実現しているのがDNSである．

DNSはホスト情報のデータベースを管理する「ネームサーバ」と，その情報を参照するクライアントにあたる「リゾルバ」から構成される．リゾルバは，OSに付属するライブラリとして提供される．リゾルバからの問合せに対して，ネームサーバが応答するしくみとなっている．インターネットのアプリケーションは，リゾルバを使ってネームサーバに対してドメイン名を問い合わせ，応答として対応するIPアドレスを得る．リゾルバとネームサーバ間の通信にはUDPが使われる．UDPはTCPと比べて信頼性がないが，処理が軽いという特徴がある．リゾルバからの問合せのデータは小さく，また短時間に繰り返してやりとりするため，UDPによる通信が適している．

ネームサーバには，権威DNSサーバとキャッシュDNSサーバの二種類がある．図10.3のように，この二つが連携することで，クライアントからの問合せに対応している．権威DNSサーバは，各階層や組織ごとに用意されている．権威DNSサーバが，各ドメインの情報を管理しており，ほかのネットワークからの自ドメインに対する問合せに答える．一方，キャッシュDNSサーバは，リゾルバからの問合せに対応する役割を担当している．キャッシュDNSサーバは，リゾルバから未知の問合せを受け

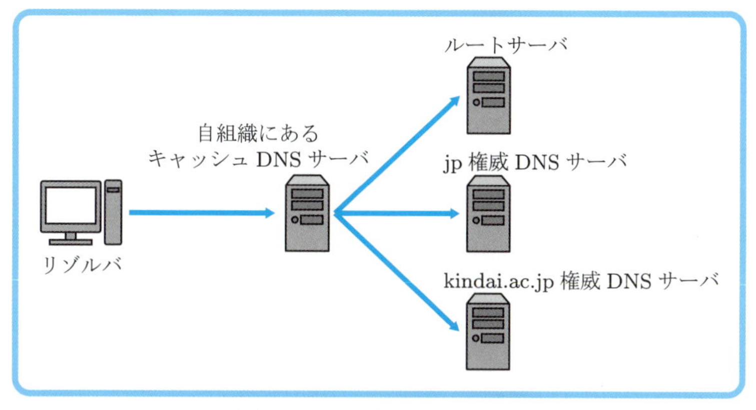

図 10.3　権威DNSサーバとキャッシュDNSサーバ

ると，そのドメインの情報を管理する権威DNSサーバに問い合わせ，得られた回答をリゾルバに返す．また，キャッシュDNSサーバは，問い合わせた結果を，一定期間，保持することができる．

DNSの動作を，Webを例にとって説明する（Webの詳細は13章を参照）．ここでは，利用者が「www.kindai.ac.jp」にアクセスしたいとする．利用者はホームページを参照するために，ブラウザに対してホームページのアドレスにあたるURLを入力すると，ブラウザはwww.kindai.ac.jpにアクセスしようとするが，IPアドレスがわからない．このため，ブラウザはリゾルバを使ってIPアドレスを問い合わせる．

リゾルバは，自組織のキャッシュDNSサーバに問合せの要求メッセージを送信する．キャッシュDNSサーバは，リゾルバからの問合せに対して，まず自身のもつ情報を調べる．もし，その情報をもっていない場合には，そのドメインの情報を管理する権威DNSサーバに問い合わせて情報を得る．その結果をリゾルバに応答メッセージとして返信する．応答メッセージを受け取ったリゾルバは，その内容をブラウザに伝える．ブラウザはIPアドレスの情報を得ることで，Webサーバにアクセスすることができる．これにより，自身のドメイン以外のホスト情報も検索可能となる．

10.3　分散管理のしくみ

ドメイン名とIPアドレスの対応表は，ゾーン情報として権威DNSサーバで管理されている．権威DNSサーバは，ゾーンとよばれる名前空間におけるホストの情報を管理する．ゾーン情報にはドメイン名とIPアドレスとの対応だけでなく，ドメインに対応するメールサーバのアドレスも記載されている．

図10.4のように，kindai.ac.jpドメインのゾーンを管理する権威DNSサーバは，その下にあるinfo.kindai.ac.jpドメインの権威DNSサーバに関する情報と，直接管理するホストの情報をもっている．info.kindai.ac.jpドメインの権威DNSサーバは，そのドメイン内のホストの情報を管理する．このように階層構造を使って分散管理されている．

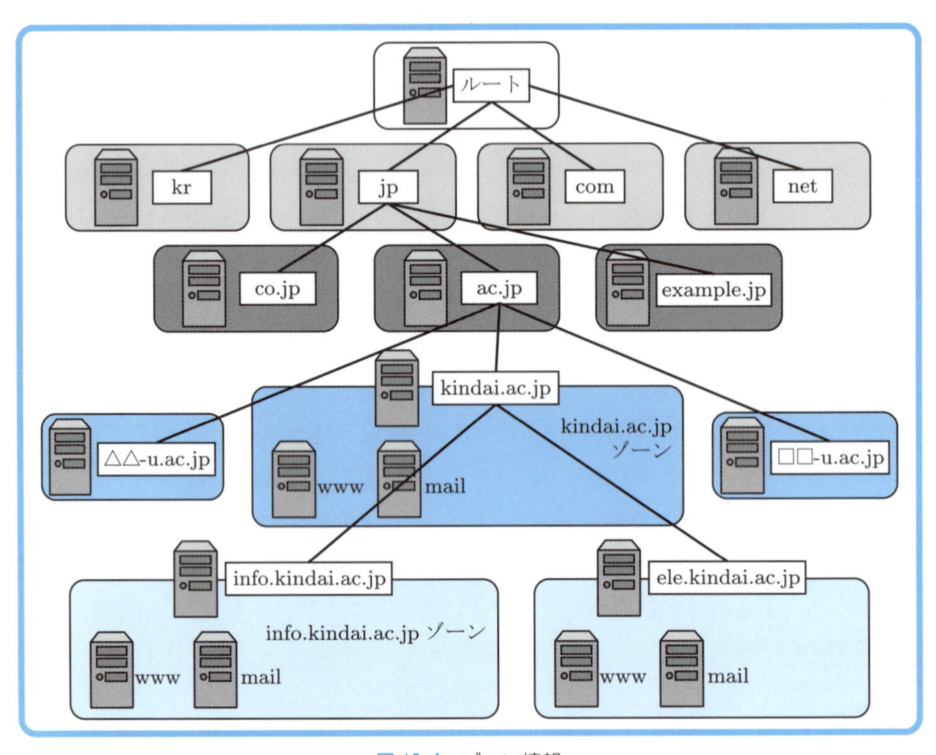

図10.4 ゾーン情報

図10.5にDNSによる名前解決の様子を示す．インターネットではいくつもの権威DNSサーバが連携して，ホスト名とそのIPアドレスの管理を行っている．権威DNSサーバは階層ごとに設置されている．インターネットでは，最上位の階層を管理する「ルートサーバ」が設置されており，ルートサーバを頂点とした木構造に，各階層の権威DNSサーバが関連づけられている．ルートサーバは世界中で13台が設置されている．各権威DNSサーバが，すぐ下の階層の権威DNSサーバとIPアドレスを管理し

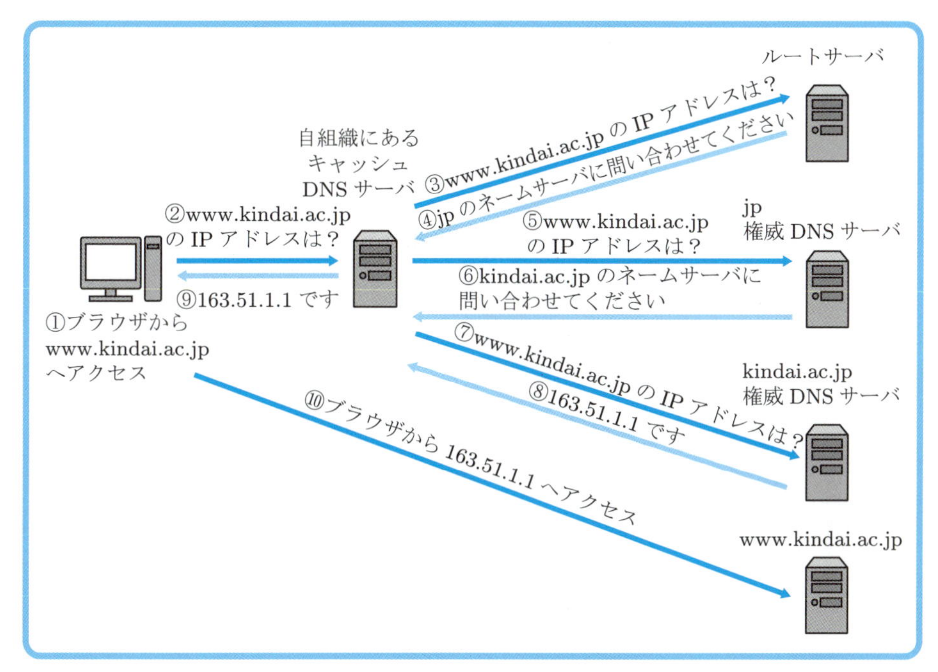

図 10.5 DNSによる名前解決の様子

ている．

例として，www.kindai.ac.jpというWebサーバにアクセスするときの動作について説明する．このWebサーバに関するホスト情報は，kindai.ac.jpドメインを管理する権威DNSサーバによって管理されている．ブラウザにwww.kindai.ac.jpと入力すると，ブラウザはリゾルバの機能を使い，自組織のキャッシュDNSサーバに問い合わせる．キャッシュDNSサーバはユーザが利用しているプロバイダ，企業，学校で用意されており，そのIPアドレスはユーザのPCをネットワークに接続するときに設定する項目の一つである．キャッシュDNSサーバは，それまでに調べた情報を保存することができる．これをキャッシュという．キャッシュの情報は保存期間が定められており，その期間を過ぎた古い情報は削除される．

キャッシュDNSサーバは，リゾルバからの要求を受け取ると，まずキャッシュを調べる（①，②）．キャッシュに目的の情報があれば，その情報を返す．もし，目的の情報がなければ，上位の権威DNSサーバから順に問い合わせる．リゾルバから要求を受けたキャッシュDNSサーバは，最上位のルートサーバに問い合わせる（③）．ルートサーバからは，すぐ下の階層の情報であるjpドメインを管理する権威DNSサーバの情報が返ってくる(④).つぎに,キャッシュDNSサーバは,jpドメインを管理する権威DNSサーバに,問い合わせる(⑤).kindai.ac.jpドメインを管理する権威DNSサーバの情報が返ってくるので(⑥),キャッシュDNSサーバはkindai.ac.jpドメインを管理する権威DNSサーバに問い合わせ(⑦),応答を得る(⑧).これにより,ブラウザはwww.kindai.ac.jpへのアクセスが可能となる(⑨,⑩).⑤のjpの権威DNSサーバへの問合せに対して,⑥でkindai.ac.jpの権威DNSサーバの情報が返ってくる理由は,従来はしくみ上,図10.4に示すように,jpの下にac.jp,co.jpなどの権威DNSサーバがあったが,現在はjpの権威DNSサーバに含まれて運用されているためである.

ただし,実際にはキャッシュDNSサーバには,それまでに得られた権威DNSサーバの情報がキャッシュとして保存されているため,再度,同じドメインのホスト情報を要求された場合には,ルートサーバなどの上位の権威DNSサーバに問い合わせることなく,キャッシュに残っている権威DNSサーバの情報を使って,目的のホストを管理する権威DNSサーバに直接問い合わせることができる.

本章のまとめ

1. ドメイン名は階層的な構造をもっている.インターネットに接続したホストは,ホスト名とドメイン名によって一意に識別できる.
2. TLDには,gTLDとccTLDがある.
3. 日本のccTLDである「jp」(JPドメイン)には,汎用JPドメイン,都道府県型JPドメイン,属性型JPドメイン,地域型JPドメインの四種類がある.
4. DNSは,ドメイン名とIPアドレスの対応を分散管理しているしくみである.
5. DNSはネームサーバとリゾルバから構成される.ネームサーバには,権威DNSサーバとキャッシュDNSサーバがあり,二つが連携してリゾルバからの問合せに対応する.

演習問題

10.1 ドメイン名の構成について説明せよ.

10.2 属性型JPドメインについて簡単に説明せよ.

10.3 権威DNSサーバと,キャッシュDNSサーバの役割について説明せよ.

11章 アプリケーションプロトコル

アプリケーションプロトコルは，利用者にもっとも近いプロトコルである．本章では，インターネットのアプリケーションプロトコルのなかで，もっとも基本的な遠隔ログインサービスのためのプロトコルであるTELNET，SSH，ファイルを転送するためのプロトコルであるFTPについて説明する．

Keyword　TELNET，NVT，SSH，通信路の暗号化，FTP

11.1 TELNET

TELNETは，ネットワークを使って，遠隔地にある別のサーバに接続するためのアプリケーションプロトコルである．利用者は手元のコンピュータをクライアントとして使用して，ネットワークの向こう側にあるコンピュータにログインし，コマンドを実行することができる．

TELNETは，TCP上で動作し，ポート番号は23番となっている．データ形式はNVT（network virtual terminal）である．TELNETは，ホストとクライアントを物理的な回線で接続する代わりに，TCP上に構築したコネクションによってサーバとクライアントを接続するプロトコルである．図11.1にTELNETの構造を示す．TELNETサーバはTCPのポート番号23番で接続の要求を待つ．利用者が使うTELNETクライアントは，接続したいサーバ上のTELNETサーバに接続の要求を送る．TCPコネクションが確立されると，クライアントのキーボードからの入力を，コネクションを介してサーバへ送信する．これをサーバが受け取ると，そのデータをアプリケーションに渡し，サーバ上で実行される．アプリケーションによって実行された結果は，TCPコネクションを介してクライアントに向けて送信される．これを受け取ったクライアントは画面に出力する．

サーバとアプリケーションの間の入出力の受け渡しは，仮想端末デバイスとよばれるデバイスが行っている．アプリケーションは仮想端末デバイスから入力を受け取り，

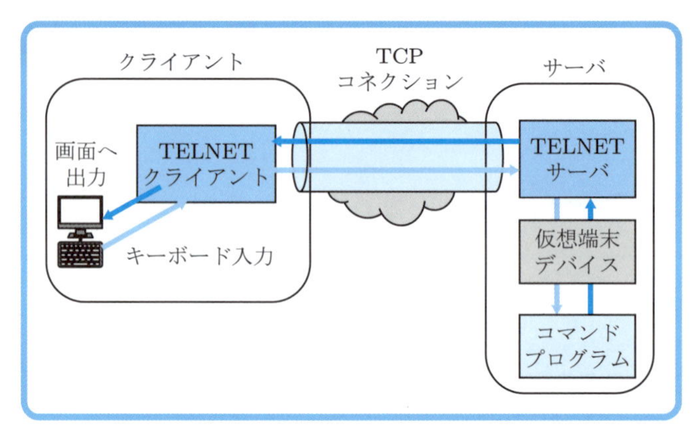

図 11.1 TELNETの構造

実行した結果の出力を仮想端末デバイスに書き込む．サーバはTCPコネクションから受け取ったデータを仮想端末デバイスに書き込み，仮想端末デバイスを介して，アプリケーションに渡す．また，サーバは処理結果を仮想端末デバイスから受け取り，TCPコネクションを経由してクライアントに送信する．

TELNETを使うサーバとクライアントには，さまざまなハードウェアやOSが使われる．TELNETでは，サーバとクライアントのハードウェアやOSに依存せずにサービスを提供できるように，NVTとよばれる端末の機能を共通化した形式が使われている．TELNETの通信では，NVTで情報を伝達し，サーバとクライアントでは，それぞれの端末の特性に合わせて，やりとりされる情報を翻訳する．これによって，相手がどのような特性の端末を利用しているかを意識する必要がなくなる．

TELNETを使うことで，遠隔地にあるサーバにログインし，手元のクライアントからコマンドを実行することができる．ところが，TELNETの通信では，ログイン名，パスワード，やりとりされるデータが暗号化されないままTCPコネクション上を流れるため，セキュリティ上の大きな問題となる．そこで，現在では，通信路の暗号化が可能なSSHが広く利用されている．

11.2 SSH

SSH（secure shell）はTELNETと同様に，遠隔ログインサービスのためのプロトコルである．しかし，TELNETと異なり，通信路の暗号化が可能で，ホスト認証とユーザ認証の機能をもっている．これらの機能により，インターネット上で安全な遠隔ログインサービスが可能である．

ホスト認証は，接続しているサーバが正しいサーバであることを確認するためのもので，図 11.2 のように，つぎの手順で実行される．クライアントはサーバから入手した公開鍵を使って適当な乱数を暗号化した結果をサーバに送る．サーバでは，送られてきた結果を秘密鍵で復号化して，クライアントが使った乱数を得る．公開鍵と秘密鍵はペアになっているので，秘密鍵をもっているサーバのみが復号化できる．サーバはその乱数をクライアントへ返信する．クライアントは受け取った乱数と元の乱数を比較する．一致すれば，サーバのホスト認証が完了する．

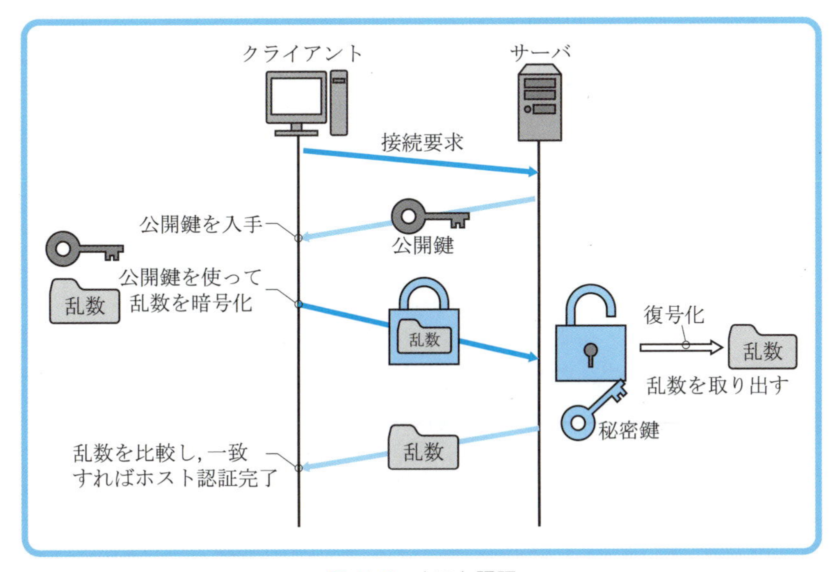

図 11.2　ホスト認証

図 11.3 のように，ユーザ認証はつぎの手順で実行される．クライアントはユーザ名をサーバに送る．サーバは，そのユーザ名に対応した公開鍵を使い，乱数を暗号化して，クライアントへ送る．クライアントは，秘密鍵を使い，復号化して得た乱数をサーバへ返信する．サーバは受け取った乱数と元の乱数を比較する．一致すれば，ユーザ認証が完了する．

通信路の暗号化には共通鍵暗号が用いられる．セッション鍵とよばれる暗号化通信路で使う共通鍵は，接続ごとにクライアント側で生成される．図 11.4 のように，クライアントで生成されたセッション鍵は，サーバの公開鍵で暗号化され，サーバに送

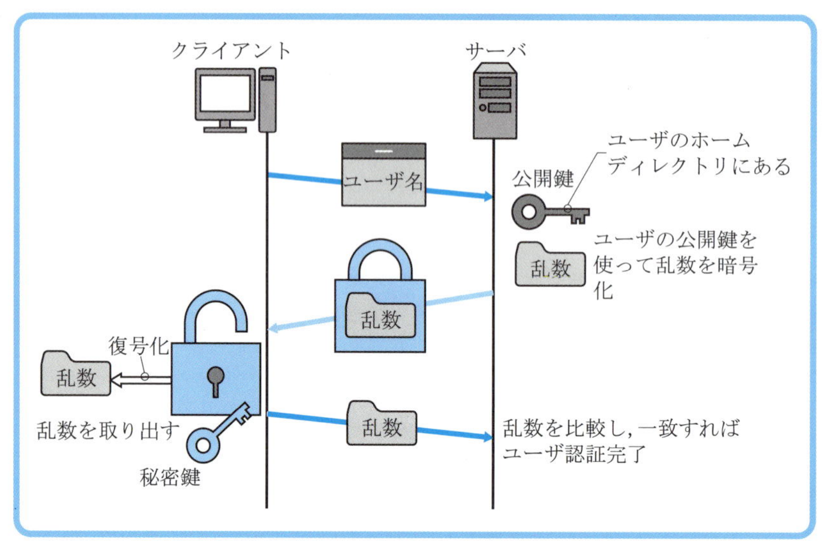

図 11.3 ユーザ認証

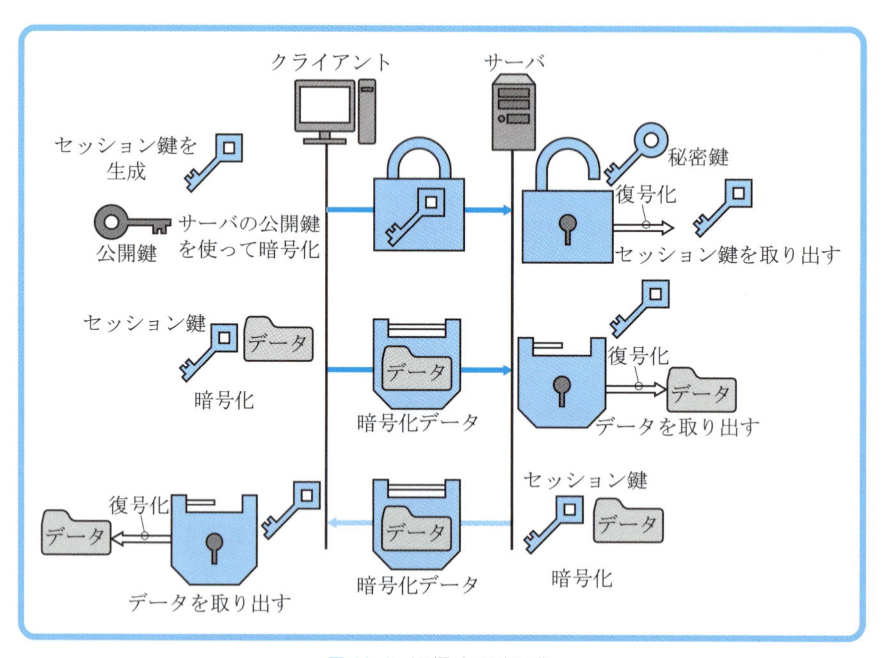

図 11.4 通信路の暗号化

られる．サーバは秘密鍵を使って復号化することで，セッション鍵を得る．これによって，インターネット上で，クライアントとサーバの間だけで安全にセッション鍵の交換が完了する．これ以降は，セッション鍵で暗号化された通信が実行される．

11.3 FTP

FTP（file transfer protocol）は，ネットワークを使って，コンピュータ間でファイルを転送するためのプロトコルである．クライアントサーバ形式で動作する．FTPはTCP上で動作し，ポート番号21番と20番の二つのコネクションを使ってファイルを転送する．

FTPはクライアントとサーバ間でファイルを交換するが，ファイルの取り扱い形式はコンピュータの環境によって異なる．このため，テキストデータのファイルをそのまま転送しても，受信側ではファイルを再現できないことがある．そこで，図11.5のように，FTPでは送信側でテキストデータをASCII形式に変換してから送信する．ASCII形式は共通のテキスト形式である．受信側では，受け取ったASCII形式のテキストデータを自分の環境にあった形式に変換してからファイルに保存する．これにより，送信側と受信側の環境が違ってもファイルの意味を保ったまま転送できる．一方，画像ファイルなどは，変換を行わず元のファイルのビット列のまま転送する．

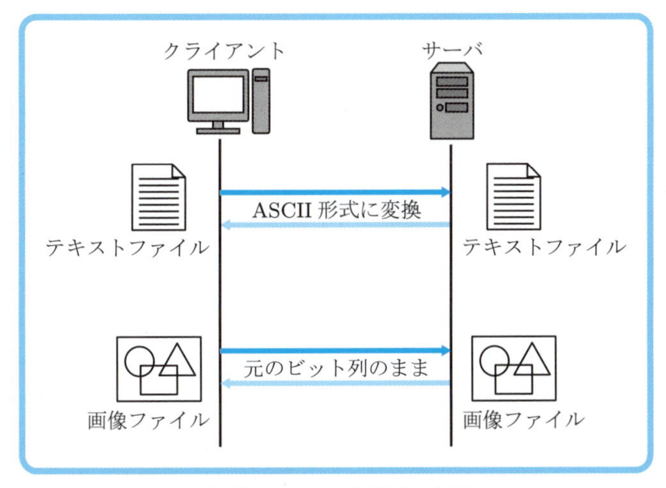

図11.5 ファイル形式の変換

FTPは二つのTCPコネクションによってファイルを転送する．制御用コネクションとよばれるポート番号21番のコネクションを使って，コマンドによる要求と応答のやりとりを行う．データの転送には，データコネクションとよばれるポート番号20番のコネクションを用いる．二つのコネクションを使うことで，データの転送中にFTPコマンドを実行できる．たとえば，データ転送の中断や再開を実行したいとき，データを転送しているコネクションとは別の制御用コネクションから確実に指示することができる．これにより，効率的なファイル転送が可能となる．

FTPのサーバとクライアントでは，二つのコネクションに対応したモジュールを用意している．図11.6のように，制御用コネクションのモジュールをプロトコルインタプリタとよび，データコネクションのモジュールをデータ転送プロセスとよぶ．制御用コネクションは，クライアント側から接続を要求する．一方，データコネクションはサーバ側から確立を要求する．ファイル転送を実行する場合，クライアント側がサーバのポート番号21番に対して制御用コネクションの確立を要求する．制御用コネクションが確立されると，ファイル取得などのコマンドがクライアント側からサーバ側へ送信される．ファイルを要求されたサーバは，ポート番号20番からクライアントに対してデータコネクションを確立し，ファイルを転送する．

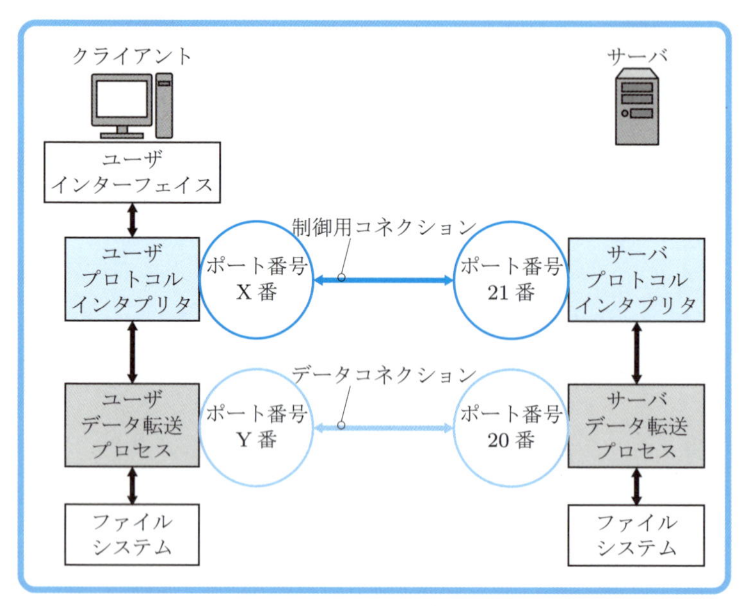

図11.6 FTPの概要

本章のまとめ

1. TELNETは，ネットワーク上の別のコンピュータに接続するためのプロトコルである．
2. TELNETは，TCP上で動作し，ポート番号は23番である．
3. TELNETの通信では，ログイン名，パスワード，やりとりされるデータが平文のまま流れる問題がある．
4. SSHは，通信路の暗号化が可能である．さらに，ホスト認証とユーザ認証の機能をもっているので，インターネット上での安全な遠隔ログインサービスが得られる．
5. SSHでは，公開鍵暗号化方式と共通鍵暗号化方式を組み合わせて使用する．
6. FTPは，ネットワーク上のコンピュータ間でファイル転送を行うためのプロトコルである．
7. FTPの特徴は，ポート番号21番と20番の二つのTCPコネクションを使ってファイル転送することである．

演習問題

11.1 TELNETにおいてNVTが使われる理由を説明せよ．

11.2 SSHのホスト認証の動作を説明せよ．

11.3 FTPにおいて，二つのTCPコネクションを使う理由を説明せよ．また，二つのTCPコネクションのポート番号を述べよ．

12章 電子メール

本章では，インターネットを使ったコミュニケーションの方法として，もっとも古くから使われており，現在でもインターネットの中心的な技術の一つとして使われている電子メールのしくみについて説明する．電子メールは，インターネットにおける基本的かつ重要なサービスである．

Keyword　電子メール，SMTP，UA，MTA，POP，MIME

12.1 電子メールシステム

電子メールシステムの構成を図 12.1 に示す．Windows Live Mail，Thunderbird，秀丸メールなど，ユーザが電子メールの読み書きに使用するメーラ（メールソフトまたはメールクライアント）をUA（user agent）とよび，電子メールの配送の担当をMTA（message transfer agent）とよぶ．

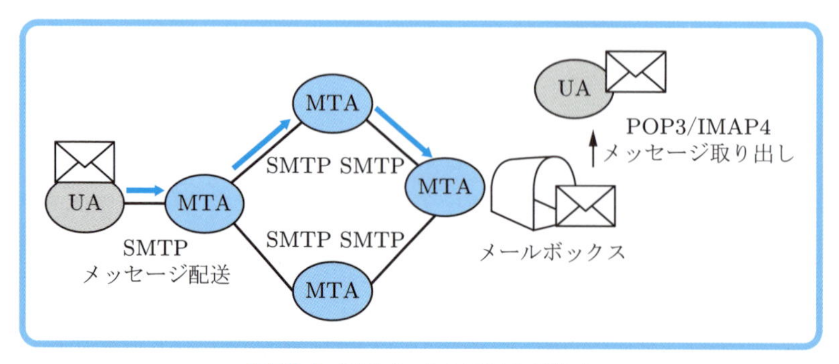

図 12.1　電子メールシステムの構成

インターネット上では，複数のMTAが協調して電子メールの配送を行う．インターネット上で電子メールのサービスに使用されるプロトコルには，SMTP（simple mail transfer protocol），POP3（post office protocol version 3），IMAP4（internet message access protocol version 4）がある．SMTPは，送信者のメーラ（UA）からメールサーバ（MTA）へのメールの送信時と，メールサーバから別のメールサーバへの電子メールの配送時に使用されるプロトコルである．一方，POP3とIMAP4は，受信者がメールサーバのメールボックスに届いた自分あての電子メールを読み出すときに使うプロトコルである．

電子メールがあて先に届くまでの基本的な手順は，図12.2のようにつぎの手順で実行される．

❶送信者が作成した電子メール（メッセージ）を，メーラがSMTPによってメーラで設定したSMTPサーバに送信する．

❷メーラからメッセージを受け取った送信元SMTPサーバは，メッセージのあて先アドレスをみて，そのアドレスあての電子メールを管理する受信先SMTPサーバをインターネット上から見つけて，SMTPによってメッセージを送る．メールサーバのIPアドレスを発見するためには，DNSが使用される．

❸あて先のメールサーバと直接通信できない場合には，中継を行うメールサーバにメッセージを送る．

❹メッセージを受け取ったメールサーバは，メッセージを受信者のメールボックスに保存する．メールボックスとは，利用者ごとに用意されている電子メール受信用のファイル，またはディレクトリのことである．新しく到着したメッセージは，メールボックスに追加されていく．

❺受信者は，POP3やIMAP4が動作しているメールサーバを介して，自分のメールボックスからメッセージを取り出す．

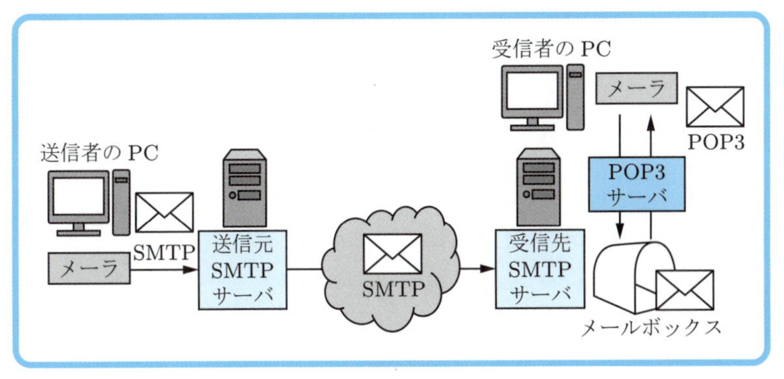

図12.2 電子メールの配送手順

12.2 SMTP

SMTPは，メーラからメールサーバに電子メールを送るときと，メールサーバ間で電子メールを転送するときに使われる．

SMTPは，TCPのポート番号25番を使う．TCPでコネクションを確立後，送信元メールサーバから受信先メールサーバに向かってコマンドを送り，その結果が応答として送信元メールサーバに返されるというやりとりを繰り返す．

図12.3にSMTPの基本的な動作の手順を示す．これはメーラと送信元メールサーバ間のやりとりである．まず，HELOコマンドで，送信元メールサーバの身元を明らかにする．正しく手続きが完了すると，受信先メールサーバから応答として「250 OK」が返ってくる．メールサーバどうしのやりとりの場合には，HELOコマンドに代わって，SMTPの拡張機能を使うEHLOコマンドが使用される．ただし，メールサーバのどちらかが拡張機能に対応していない場合にはHELOコマンドを用いる．

つぎに，MAILコマンドで送信元（送信者）のアドレスを送信する．これが電子メールの「Fromフィールド」になる．送信元アドレスを送ると，続けてRCPTコマン

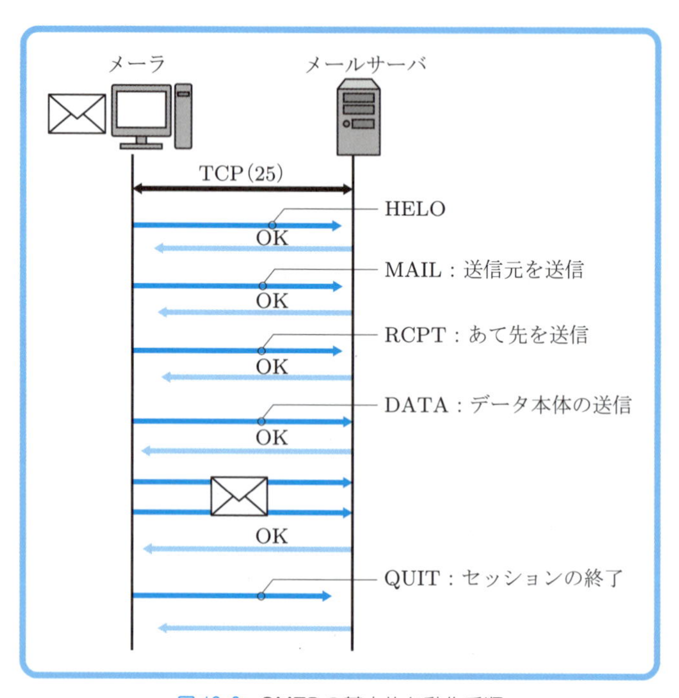

図12.3 SMTPの基本的な動作手順

ドによってあて先（受信者）のアドレスを送る．同じ電子メールを続けて複数のあて先に送る場合には，RCPTコマンドを複数回実行する．先にあて先のアドレスを送ってから電子メール本体を送る．RCPTを実行した結果，あて先アドレスが存在しない場合には，応答としてエラーが返される．

あて先のアドレスを送り終えると，電子メール（メッセージ）本体を送るためにDATAコマンドを実行する．データ量が多いときには，データを複数に分けて送信し，メッセージの終了は「.」だけの行を入力することで示す．正しくメッセージが送られると，応答として「250」が返信され，メッセージの送信が完了する．

メール送信の最後はQUITコマンドで終了を示す．

12.3 POP3

POP3は，メールサーバ（MTA）のメールボックスから，自分あての電子メールを取り出すときに使うプロトコルである．図12.4に，POP3の基本的なやりとりを示す．

POP3は，TCPのポート番号110番を使用する．POP3のやりとりには，「認証」，「トランザクション」，「アップデート」の三つの段階がある．まず，メーラがメールサーバに対してTCPのポート番号110番を使って接続する．TCPコネクションが確立

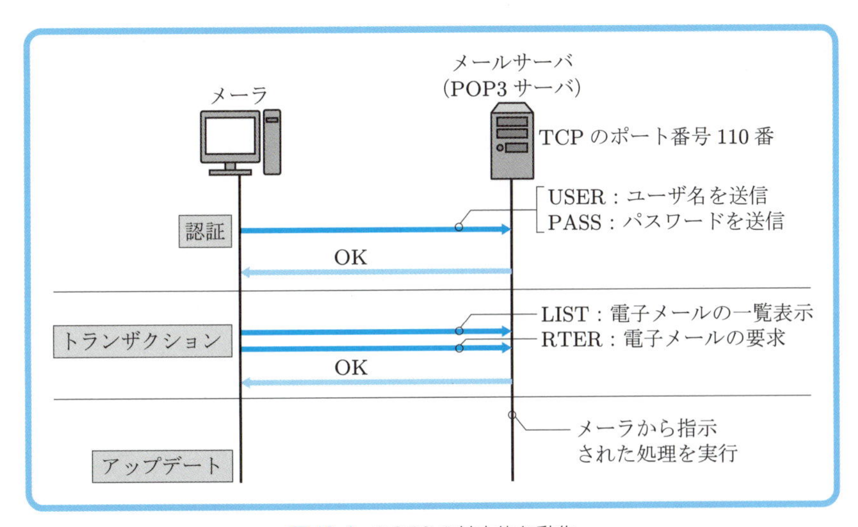

図12.4 POP3の基本的な動作

すると，「認証」がはじまる．認証では，アクセスしてきたユーザがメールサーバに登録されているかを確認する．この確認には，「ユーザ名」と「パスワード」が使われる．ユーザ名をUSERコマンドで送信し，パスワードをPASSコマンドで送信する．このとき，PASSコマンドで送信されるパスワードは暗号化されないままネットワークを流れるため，パケットを取得されるとパスワードがわかることに注意しなければならない．そこで，パスワードを暗号化して送信するAPOPという認証方式を使う場合がある．

認証が通ると，「トランザクション」を行う．トランザクションでは，電子メールの一覧表示や，電子メールの取り出し，削除などの電子メールの受信に関するさまざまな操作を実行する．たとえば，電子メールの一覧を表示するためにはLISTコマンドを，実際に電子メールを要求するためにはRTERコマンドを用いる．終了はQUITコマンドの送信によって実行される．

最後の「アップデート」において，メーラから要求された処理をメールサーバ側で実行し，電子メールの受信の動作は完了する．

メールの取り出しにはPOP3だけでなく，IMAP4というプロトコルも広く利用されている．IMAP4では，たとえば本文の一部のような電子メールの特定の部分だけを読み出すこともできる．受信メールをローカルに保存せずにすべてメールサーバで管理するため，端末容量が小さいモバイル端末などにおいて便利である．

12.4 メッセージ形式

電子メールシステムで配送されるメッセージは，ヘッダとよばれる制御情報を格納した部分と，ボディとよばれるメッセージ本体から構成される．ヘッダとボディは空白行で区切られている．

ヘッダは，電子メールシステムにおける各種の制御情報が記載されている．電子メールシステムのメールサーバとメーラは，これらの制御情報を利用している．ヘッダには，送信者や受信者の情報，配送経路，発信時刻などがフィールドとして記載されている．各フィールドは，フィールド名とフィールドの値を区切った構造で，一行に書かれている．たとえば，送信者を表す「Fromフィールド」は，「From:username@kindai.ac.jp」のように記述される．

また，電子メールがどのような経路をたどって配送されたかを示す「Receivedフィールド」を参照することで，届いた電子メールの配送経路を知ることができる．

初期のインターネットにおける電子メールは，英語のテキストメッセージの配送を目的としたものであり，そこで利用できる文字コードは7ビットのUS-ASCIIと規定されていた．このため，アルファベットではない日本語などをボディで使うことができなかった．しかし，インターネットの国際化が進み，英語圏で使用されない文字をボディで利用できるようにする必要が生じてきた．そこで，MIME（multipurpose internet mail extensions）形式とよばれる拡張形式が導入されることとなった．また，MIMEの導入によって，多言語への対応だけでなく，テキスト形式以外のデータの配信が可能となり，画像や音声といった情報を含むメッセージを作成したり，添付ファイルを送ったりできるようになった．

MIMEは，各種データをASCIIコードの範囲のデータへ変換して送ることができる．「MIMEフィールド」にはデータの種類（type）を示す情報がつけられ，受信側では受け取ったMIME形式のデータをそのtypeに従って元の値に変換する．MIMEのtypeには表12.1に示すものなどがある．さらに，表12.2のように，typeを細かく分類するsubtypeが指定できる．

表12.1 MIMEのtypeの例

種 類	意 味
text	テキスト
image	画像
audio	音声
video	動画
application	アプリケーション

表12.2 MIMEのsubtypeの例

種 類	意 味
text/plain	文字だけのテキスト
text/html	HTML形式のテキスト
image/jpeg	JPEG形式の画像
video/mpeg	MPEG形式の動画
application/pdf	PDF形式のアプリケーション

本章のまとめ

1. メーラをUAとよび，メッセージの配送を担当する役割をMTAとよぶ．
2. STMPは，TCPのポート番号25番を使い，送信者のメーラからメールサーバへのメッセージの送信とメールサーバ間でのメッセージの配送に使用される．
3. POP3（ポート番号110番）やIMAP4（ポート番号143番）は，受信先メールサーバのメールボックスに届いたメッセージの読み出しや，削除に使用される．

4. メッセージはヘッダとボディから構成される．ヘッダは電子メールシステムにおける各種の制御情報で，ボディはメッセージの本体である．
5. 拡張形式であるMIMEによって，多言語への対応，テキスト形式以外のデータの配信が可能となる．

12.1 電子メールシステムの構成について簡単に説明せよ．

12.2 電子メールシステムのメッセージの送信と受信で，二つのプロトコルを使い分ける理由について説明せよ．

12.3 POP3がユーザ認証を必要とする理由について説明せよ．

13章 WWW

WWW（world wide web）は，現在のインターネットにおいて，電子メールとならんでもっとも広く利用されている技術の一つである．WWWはインターネット上で，ハイパーテキストを構築するシステムである．ハイパーテキストを用いることで，インターネット上に分散しているさまざまな情報の関連づけが可能となる．WWWではHTTPをプロトコルとして使用している．本章では，WWWのしくみ，HTTP，Cookieについて説明する．さらに，暗号化通信を実現するしくみであるSSLを紹介する．

Keyword WWW，URL，HTML，HTTP，Cookie，CGI，SSL

13.1 WWWのしくみ

WWWは，ハイパーテキストによってほかの文書へのリンクを実現したシステムである．ハイパーテキストとは，複数の文書（テキスト）を相互に関連付けできるしくみである．WWWでは，文書や画像などの情報を資源とよび，これらをまとめたものをページとよぶ．ページは13.3節で述べるHTMLで記述され，ページの集まりをサイトとよぶ．

WWWはクライアントサーバモデルであり，文書や画像などを提供するサーバと，サービスを要求するクライアントから構成される．WWWシステムにおいて，サーバはWebサーバが担当し，クライアントにはブラウザなどが多く使われる．WWWでは，ブラウザとWebサーバ間のデータのやりとりに，HTTPプロトコルが使用される．ここでは，HTTPの説明の前に，WWWの基本的なやりとりについて説明する．

図13.1に，WWWの基本的な動作手順を示す．WWWは以下の手順でやりとりを行う．

❶利用者がブラウザにURLを入力する，または，ブラウザ上に表示されたリンク

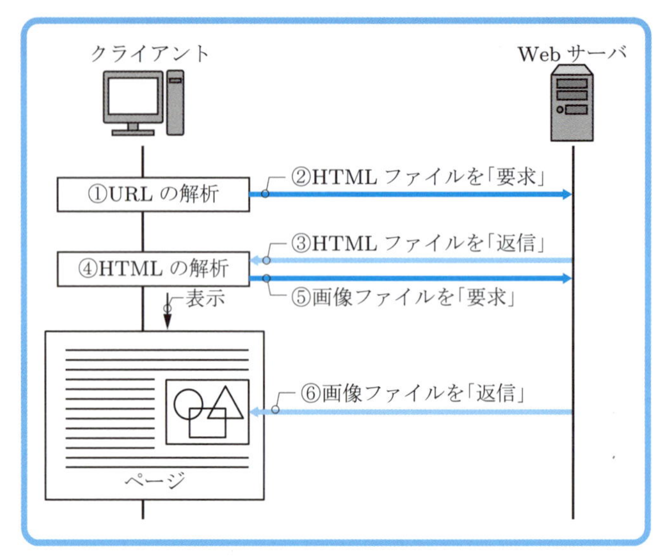

図 13.1 WWWの基本的な動作手順

をクリックする.

❷ブラウザは，Webサーバに対してデータを要求する.

❸Webサーバは，ブラウザからの要求に応じて，要求のあったデータを見つける.

❹Webサーバは，そのデータをブラウザに返信する.

❺ブラウザは，受け取ったデータを解析し，適切に表示する.

WWWでは，インターネット上にある資源のありかを示す情報として，図13.2のようなURL（uniform resource locator）を用いる．URLは，「スキーム」，「ホスト名」，「パス名」で構成される．たとえば，「http://www.kindai.ac.jp/index.html」の場合，「http」がスキームであり，ブラウザがデータアクセスするためのプロトコルを示している．http以外にもhttps，ftp，file，mailtoなどが使われる．つぎの「www.kindai.

図 13.2 URLの構造

ac.jp」はホスト名であり，ここではWebサーバの名前を示している．最後に「/index.html」はパス名であり，Webサーバ内でのデータのありかを示す．「：(コロン)」に続いて，アクセスするポート番号を指定する．httpはポート番号80番を使う．ポート番号80番へアクセスする場合には省略することができる．

利用者がブラウザのURL欄にURLを入力すると，ブラウザはURLで指定されたWebサーバ上にあるデータを要求する．たとえば，URLに「http://www.kindai.ac.jp/index.html」と入力すると，www.kindai.ac.jpというWebサーバ上にあるindex.htmlというデータを要求する．Webサーバは，要求されたデータ（index.html）を返信する．

ブラウザは，受け取ったデータ（htmlファイル）を解析する．htmlファイルは，ページを記述するためのタグ言語HTMLで記述されたファイルである．ブラウザは，HTMLを解析する途中で別のURLを発見すると，そのURLで指定されたデータをWebサーバに要求する．そのデータが応答として返ってくると，ブラウザはhtmlファイルの指定に従って表示していく．このように，ブラウザは複数のWebサーバから取得したデータをhtmlファイルに書かれているとおりに組み立てて，一つのページを表示している．Webサーバにアクセスしたとき，最初に表示されるページを，トップページまたはホームページとよぶ．

13.2 HTTP

HTTP（hyper text transfer protocol）はWWWにおいて使用されるプロトコルである．HTTPは図13.1に示した手順のなかで，ブラウザからのデータの要求と，Webサーバからのデータの返信で使われる．このように，HTTPは「要求（リクエスト）」と「応答（レスポンス）」の二つのメッセージで成り立っている．HTTPはTCPのポート番号80番を使用する．

HTTPの要求は，空白行で区切られた「リクエストヘッダ」と「リクエストボディ」から構成される．リクエストヘッダは，httpサーバに要求する処理内容を記述しており，メソッド，URL，バージョン，その他のフィールドから構成される．メソッドには，GET，HEAD，POST，PUTなどがある．たとえば，index.htmlというデータを取得する場合には，資源を取得するGETメソッドを使って「GET /index.html HTTP/1.1」のように記述される．「/index.html」は取得したいデータのパス名であり，「HTTP/1.1」はブラウザがサポートしているHTTPのバージョンである．一方，POSTは資源へ情報を与えるメソッドである．リクエストボディに情報を入れることで，httpサーバに情報を与えることができる．httpサーバは要求された処理の結果を応答として返信する．

HTTPの応答も，空白行で区切られた「レスポンスヘッダ」と「レスポンスボディ」から構成される．レスポンスヘッダは，処理の結果の状態を記述しており，Webサーバの処理結果を伝えるステータスコードと，その他のフィールドから構成される．たとえば，「HTTP/1.1 200 OK」のように記述される．「HTTP/1.1」はhttpサーバがサポートするHTTPのバージョンで，「200」はステータスコードである．表13.1のように，最初の数字が種別を表す．表13.2にステータスコードの例を示す．この場合には，要求の処理に成功したことを意味する．「レスポンスボディ」には，資源である文書や画像データが格納される．

表13.1 ステータスコードの種別

種 別	意 味
1xx	情報
2xx	成功
3xx	リダイレクト
4xx	リダイレクトエラー
5xx	サーバエラー

表13.2 ステータスコードの例

コード	意 味	
200	OK	成功
401	Unauhtorized	認証が必要
403	Forbidden	資源へのアクセスを拒否
404	Not Found	資源が見つからない
503	Service Unavailable	サービスが利用できない

13.3 HTML

HTML（hyper text markup language）は，ハイパーテキストを記述するためのタグ言語である．HTMLでは，見出しや箇条書きなどの構造を記述する．構造の記述にはタグとよばれる“<”と“>”で挟む形式が使われる．<HTML>がHTMLで記述されたページの開始を表し，</HTML>で終了を表す．図13.3にHTMLの記述例を示す．<TITLE>と</TITLE>でページの題目，<H1>と</H1>で見出し，<OL>と</OL>で番号つきの箇条書き，<B>と</B>で太字，<IMG>で画像を挿入などの指定が可能である．

```
〈HTML〉
〈HEAD〉
〈TITLE〉ネットワーク技術〈/TITLE〉
〈/HEAD〉

〈BODY〉
〈H1〉WWWについて〈/H1〉

〈OL〉
〈LI〉 〈B〉WWW〈/B〉
〈LI〉 HTTP
〈LI〉 HTML
〈/OL〉

〈IMG SRG="WWW.png"〉
〈P〉
WWWのしくみ
〈/P〉

〈/BODY〉
〈/HTML〉
```

図 13.3 HTMLの記述例

13.4 Cookie

Cookieは，ユーザの情報を保持する機能をHTTPに追加するためのものである．Cookieを使うことで，たとえば，ショッピングサイト利用時における会員ページへのログイン，商品の選択，支払い方法の入力といった一連の処理を管理できる．Webサーバが割り当てたCookieは，ブラウザごとに異なる値を格納する．Webサーバは，ユーザがアクセス時に送ってくるCookieをみることで，ブラウザごとに異なるページを送信することができる．

Cookieは，ASCIIコードで書かれたテキストデータで，どのブラウザとのやりとりであるかを識別する識別子の役割をもつ．CookieはWebサーバ側で生成される．Webサーバは，レスポンスヘッダにSet-Cookieフィールドを付加し，ブラウザにCookieを与える．Set-Cookieフィールドを付加したレスポンスヘッダを図 13.4 に示す．Set-Cookieの後ろのCookie名＝Cookie値がCookieの名前とその値を示しているCookieの本体であり，これ以降はオプションである．expiresは有効期限を示し，ブラウザがCookieを保持する期間を指示する．有効期限を設定したCookieを固定

```
HTTP/1.1 200 OK
Set-Cookie:Cookie名=Cookie値：expires=Cookieの有効期限：domain=ドメイン名：path=パス
```

図 13.4 レスポンスヘッダ

Cookieとよび，クライアントのハードディスクに保存される．一方，有効期限を設定しないCookieをセッションCookieとよび，クライアントのメモリーに一時的に保存される．

クライアントは2回目以降の通信では，リクエストヘッダのCookieフィールドにCookie値をセットする．Webサーバ側ではCookie値に基づいた処理を実行する．図13.5にCookieを使ったWebアクセスを示す．

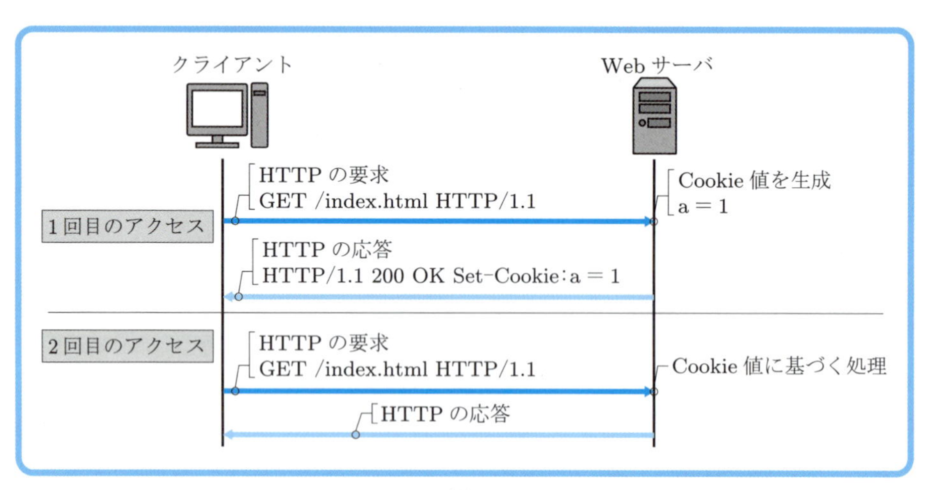

図 13.5 Cookieを使ったWebアクセス

Webサーバ側でCookie値に基づいた処理を実施するときに使うしくみの一つに，CGI（common gate interface）がある．CGIは，Webサーバが要求を受けたときには，検索や登録などの処理を行う別のプログラムを起動して，そのプログラムに処理を任せる機能である．CGIにより，さまざまな処理への対応が可能となる．

13.5 SSL

SSL（secure socket layer）とは，インターネット上のショッピングサイトなどで広く使われる暗号化通信を実現する方法である．SSLを使うことで，クレジットカード番号，住所，氏名といった個人情報を安心して送ることができる．

SSLはTCPで確立したコネクションのデータのみを暗号化するため，OSやルータなどのネットワーク機器の変更が不要で，容易に導入可能である．SSLは，図13.6のように，ブラウザなどのアプリケーションとTCPの間に位置する．SSLによって安全な通信をしているとき，URLのスキームは「https」になる．URLがhttps://ではじまる通信は，暗号化された安全な通信であることがわかる．

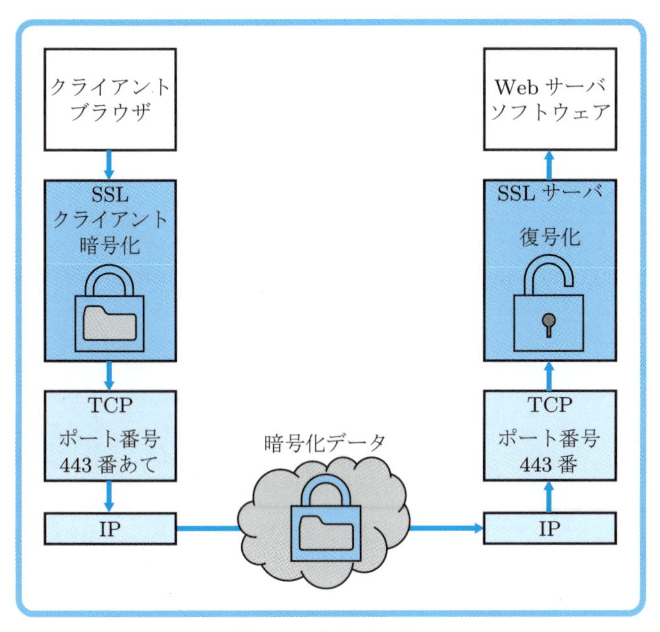

図13.6　SSLとTCP

SSLの主な機能は，接続相手のサーバが信頼できるかを確認する相手認証と，データの暗号化である．相手認証のために，SSLではクライアントがWebサーバから「サーバ証明書」を受け取り，受け取ったサーバ証明書を検証することで，接続相手のWebサーバが信頼できるかを判断する．

暗号化通信では，公開鍵暗号方式と共通鍵暗号方式を組み合わせて利用する．図13.7にSSL通信において鍵を共有するしくみを示し，図13.8に暗号化通信の概要を示す．

共通鍵暗号方式は，暗号化と復号化に同じ鍵を使う方式である．共通鍵暗号方式は，

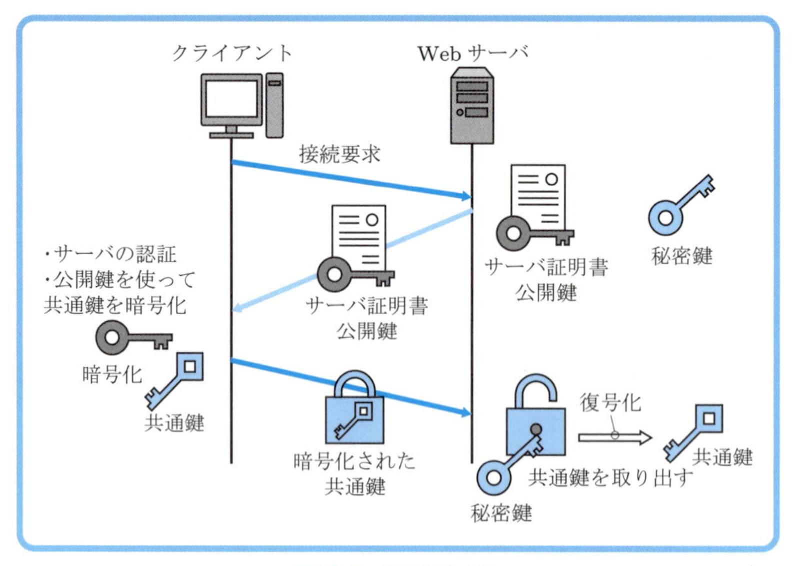

図 13.7 鍵の共有方法

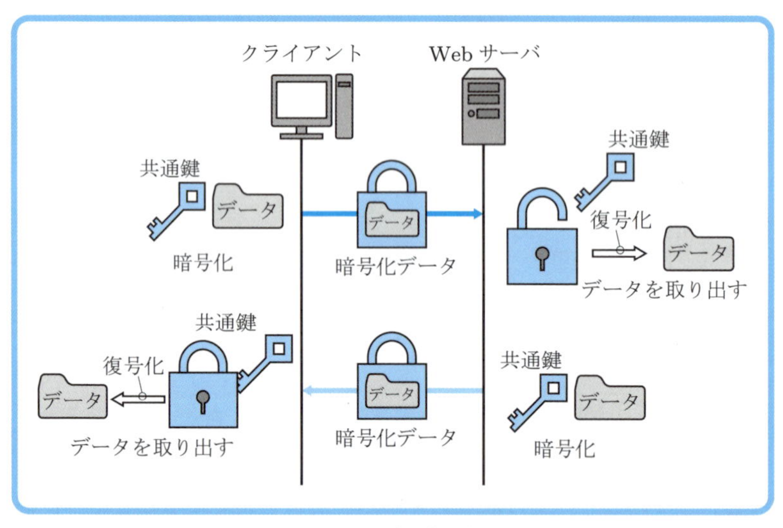

図 13.8 暗号化通信

暗号化と復号化の処理が軽いため，実際にデータを暗号化してやりとりする場合に適しているが，不特定多数の利用者がいるインターネット上で，あらかじめクライアントとWebサーバ間だけで共通鍵をもつことは難しい．

そこで，公開鍵暗号を使って，共通鍵を暗号化して相手に渡す方式が使われている．

公開鍵暗号は，公開鍵と秘密鍵がペアになっており，片方の鍵で暗号化したデータは，ペアとなっているもう片方の鍵でしか復号できない．公開鍵を公開しておいて，その公開鍵を使って共通鍵を暗号化して送信する．秘密鍵をもっている相手は，受け取った暗号化データを秘密鍵によって復号して，公開鍵を得る．これにより，インターネット上でも安全に公開鍵の共有が可能となる．SSLでは，図13.7のように，接続の要求があったWebサーバは，公開鍵の入ったサーバ証明書をクライアントに渡す．クライアントは，まずサーバ証明書によって相手が信頼できることを確認する．つぎに，受け取った公開鍵を使ってSSL通信を実行する．

本章のまとめ

1. WWWは，インターネット上でハイパーテキストを構築するシステムであり，インターネット上に分散しているさまざまな資源を関連づけるシステムである．
2. WWWではHTTPをプロトコルとして使用している．
3. URLは，インターネット上にある資源のありかを示す情報である．
4. HTTPは要求と応答の二つのメッセージからなる．
5. HTMLはハイパーテキストを記述するためのタグ言語である．
6. Cookieによって，ユーザの情報を保持することができ，ブラウザを識別することが可能となる．
7. SSLは，インターネット上で暗号化通信を実現する方法で，サーバ証明書による相手認証と暗号化通信を行う．
8. SSLでは公開鍵暗号と共通鍵暗号を組み合わせることで，暗号化通信を実現する．

演習問題

13.1 URLについて簡単に説明せよ．

13.2 HTTPに役割について簡単に説明せよ．

13.3 Cookieの役割について簡単に説明せよ．

13.4 SSLで二つの暗号化方式を組み合わせて使う理由について簡単に説明せよ．

14章 ネットワークコマンド

本章では，ネットワークに関係する代表的なネットワークコマンドであるping，traceroute/tracert，ifconfig/ipconfig，netstat，arp，nslookupの六種類のコマンドについて説明する．これらはLinux，Mac OS，Microsoft WindowsなどのOSに標準で搭載されているものである．これらのコマンドを使うことで，使用中のPCの設定の確認ができる．さらに，ネットワークにつながらないときの原因を特定するための情報が得られる．

Keyword **ping，traceroute，ifconfig，netstat，arp，nslookup**

14.1 ping

pingの目的は，ネットワークの到達性（reachability）の確認である．多くのネットワーク技術者は，どんなトラブルでも原因特定のために，まずpingを使うといわれるほど重要なコマンドである．

pingは，接続状態の確認とRTT（round trip time：往復遅延時間）［ミリ秒］の計測を行うコマンドである．pingによって目的のホストまでつながっているかどうかや，パケットを送受信したときの往復時間がわかる．pingは6章で説明したICMPを活用している．

pingは，「ping ホスト名またはIPアドレス」のように，pingのあとに空白（スペース）を入れ，接続を確認したいホスト名またはIPアドレスを入力して使用する．pingにはいくつかのオプションが用意されている．送信するパケット数を，Microsoft Windows系では「-n」で，Linux，Mac OS系では「-c」で指定できる．たとえば，「ping -n 3」と入力すると，パケットを3回送信する．また，送信パケットのサイズを，Microsoft Windows系では「-l」で，Linux，Mac OS系では「-s」で指定できる．

図 14.1 に`ping`の実行例を示す．この例は，192.168.0.1 というローカルなホストに，オプションで「`-n 5`」を追加して`ping`を実行した結果である．結果として，5 回パケットを送信して 5 回とも成功し，RTT の最小時間，平均時間，最大時間［ミリ秒］が表示されている．一方，図 14.2 の実行例では，なんらかの理由によりパケットが指定時間内に返ってこなかったことが表示されており，目的のホストがネットワークにつながっていないことがわかる．図 14.3 は，インターネットを介して`ping`を実行した例である．ローカルな実行例と比較して，RTT が大きな値を示していることがわかる．

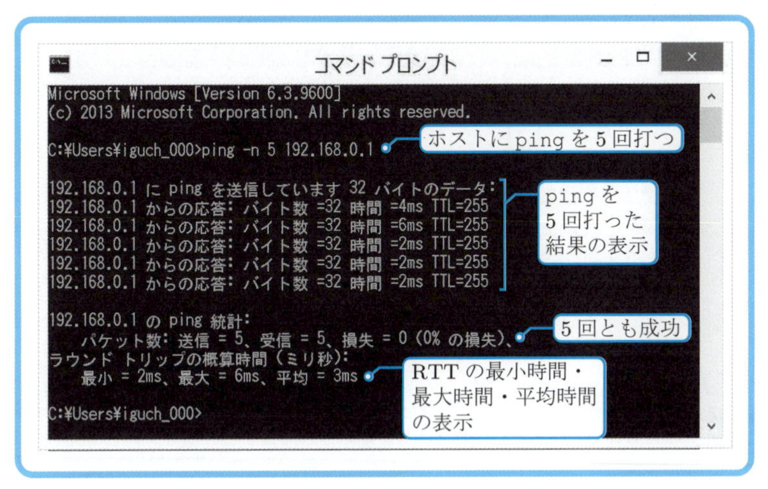

図 14.1　`ping`実行例 1（Microsoft Windows 8）

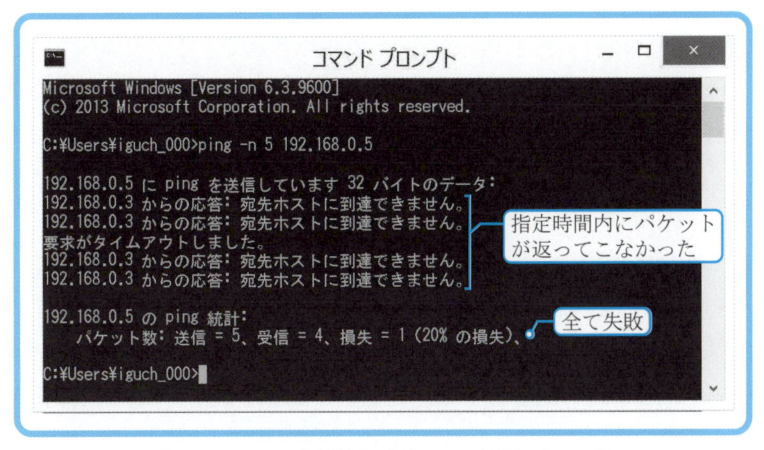

図 14.2　`ping`実行例 2（Microsoft Windows 8）

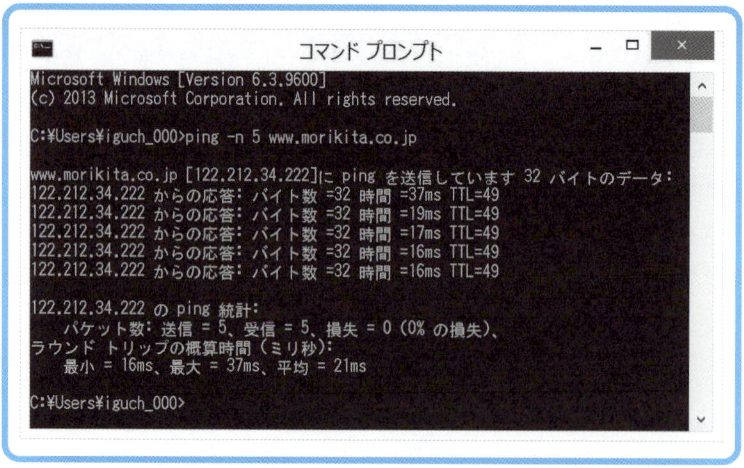

```
コマンド プロンプト
Microsoft Windows [Version 6.3.9600]
(c) 2013 Microsoft Corporation. All rights reserved.

C:¥Users¥iguch_000>ping -n 5 www.morikita.co.jp

www.morikita.co.jp [122.212.34.222]に ping を送信しています 32 バイトのデータ:
122.212.34.222 からの応答: バイト数 =32 時間 =37ms TTL=49
122.212.34.222 からの応答: バイト数 =32 時間 =19ms TTL=49
122.212.34.222 からの応答: バイト数 =32 時間 =17ms TTL=49
122.212.34.222 からの応答: バイト数 =32 時間 =16ms TTL=49
122.212.34.222 からの応答: バイト数 =32 時間 =16ms TTL=49

122.212.34.222 の ping 統計:
    パケット数: 送信 = 5、受信 = 5、損失 = 0 (0% の損失)、
ラウンド トリップの概算時間 (ミリ秒):
    最小 = 16ms、最大 = 37ms、平均 = 21ms

C:¥Users¥iguch_000>
```

図 14.3　ping実行例 3（Microsoft Windows 8）

pingをより有効に活用する方法は，ネットワークに障害がない状況でpingを実行し，そのRTTを記録しておくことである．通常の値を知っておけば，使用時のネットワークが混雑しているかを判断するヒントになる．

14.2　tracert/traceroute

tracertは，指定したホストに到達するまでの経路を確認するコマンドである．経路上のルータの情報と数を表示する．pingを使って目的のホストにパケットが届かないときに，tracertを使うことで，どこまで到達できるかを調べることができる．tracertでは，経路途中のルータやホストまでのRTTも表示する．これにより，経路中の通信速度の遅い箇所の推定が可能となる．もし，パケットが届かなかった場合は，RTTの代わりに「*」が表示されるため，障害が発生しているルータや回線がわかる．

tracertは，「tracert ホスト名またはIPアドレス」のように，コマンドのあとに空白（スペース）を入れ，検索したいホスト名を入力して使用する．tracertはICMPとポート番号を活用したコマンドである．「tracert -?」で利用できるオプションが表示される．Linux，Mac OS系では，tracerouteコマンドが用意されている．

14.3 ipconfig/ifconfig

ipconfigは，PCのネットワークの設定値を確認するコマンドである．「ipconfig /all」で，そのPCのすべてのインターフェイスごとのネットワーク設定を表示する．図 14.4 にipconfigの実行例を示す．Linux，Mac OS系ではifconfigが使える．Mac OSでのifconfigの実行例を図 14.5 に示す．コマンドに続いてインターフェイス名を指定すると，図 14.6 のように指定したインターフェイスに関する情報だけを表示できる．インターフェイス名は表 14.1 のようになる．ifconfigは設定値の確認だけでなく，インターフェイスにIPアドレスを設定したり，インターフェイスの起動／停止を切り替えたりすることもできる．

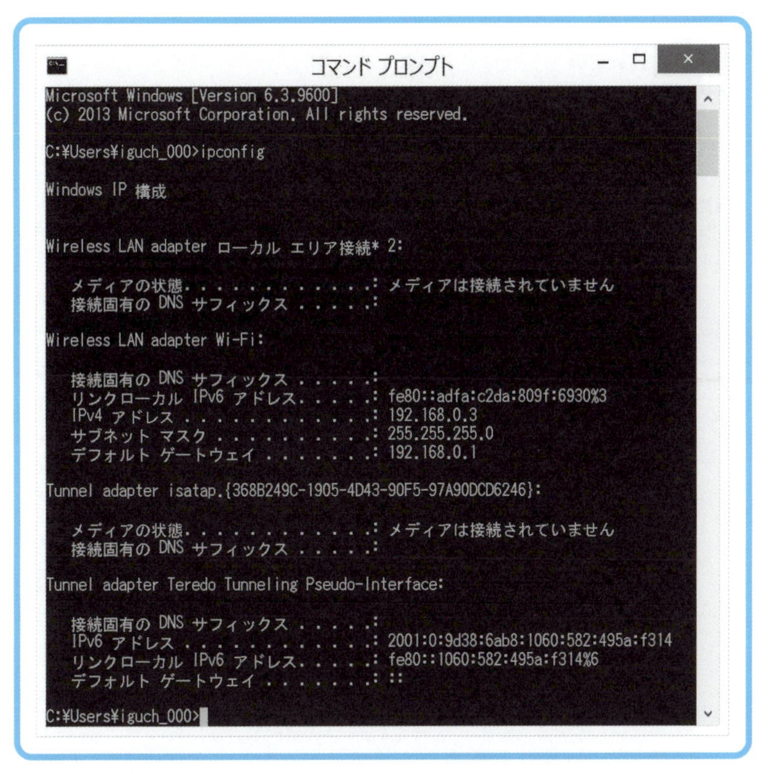

図 14.4 ipconfigの実行例（Microsoft Windows 8）

```
[redacted]$ ifconfig -a
lo0: flags=8049<UP,LOOPBACK,RUNNING,MULTICAST> mtu 16384
        options=3<RXCSUM,TXCSUM>
        inet6 fe80::1%lo0 prefixlen 64 scopeid 0x1
        inet 127.0.0.1 netmask 0xff000000
        inet6 ::1 prefixlen 128
gif0: flags=8010<POINTOPOINT,MULTICAST> mtu 1280
stf0: flags=0<> mtu 1280
en0: flags=8863<UP,BROADCAST,SMART,RUNNING,SIMPLEX,MULTICAST> mtu 1500
        ether 70:56:81:ae:6f:1d
        inet6 fe80::7256:81ff:feae:6f1d%en0 prefixlen 64 scopeid 0x4
        inet 192.168.0.2 netmask 0xffffff00 broadcast 192.168.0.255
        media: autoselect
        status: active
p2p0: flags=8843<UP,BROADCAST,RUNNING,SIMPLEX,MULTICAST> mtu 2304
        ether 02:56:81:ae:6f:1d
        media: autoselect
        status: inactive
```

インターフェイス名
MACアドレス
ブロードキャストアドレス
ネットマスク
IPアドレス

図 14.5　ifconfig実行例1（Mac OS）

```
[redacted]$ ifconfig en0
en0: flags=8863<UP,BROADCAST,SMART,RUNNING,SIMPLEX,MULTICAST> mtu 1500
        ether 70:56:81:ae:6f:1d
        inet6 fe80::7256:81ff:feae:6f1d%en0 prefixlen 64 scopeid 0x4
        inet 192.168.0.2 netmask 0xffffff00 broadcast 192.168.0.255
        media: autoselect
        status: active
```

図 14.6　ifconfig実行例2（Mac OS）

表 14.1　インターフェイス名一覧（Mac OS）

インターフェイス名	意　味
lo0	ローカルループバック
gif0	トンネルデバイス
en0	Ethernet
en1	AirMac
stf0	IPv6
fw0	FireWire
p2p0	Air Drp

14.4 netstat

netstatは，PCが集めているネットワークに関する統計情報を表示するコマンドである．送受信されたパケットにエラーが含まれているかなどがわかる．netstatにも，いくつかのオプションが用意されている．図14.7のように，「netstat -e」を実行するとイーサネットの総計情報だけを表示する．「netstat -p」のあとにプロトコルを指定すると，特定のプロトコルの統計情報だけを表示できる．また，図14.8のように，「netstat -r」でルーティングテーブルを表示できる．

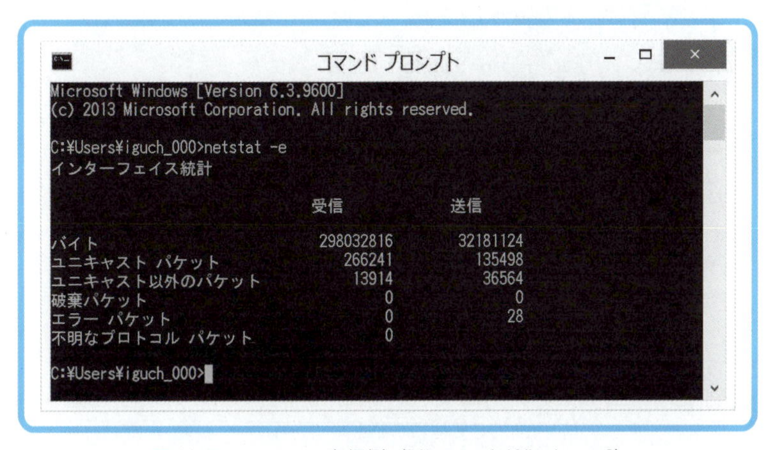

図14.7 netstat実行例（Microsoft Windows 8）

14.5 arp

arpは，IPアドレスとMACアドレスの対応を記述したARPテーブルの情報を表示するコマンドである．図14.9のように，「arp -a」と入力して使用する．また，オプションを指定することで，ARPテーブルに対して，IPアドレスとMACアドレスの対応情報の入力と削除が可能である．

14.6 nslookup/dig

nslookupは，DNSサーバの動作状態や設定状態を確認するコマンドである．

```
コマンド プロンプト
Microsoft Windows [Version 6.3.9600]
(c) 2013 Microsoft Corporation. All rights reserved.

C:¥Users¥iguch_000>netstat -r
===========================================================================
インターフェイス一覧
  4...a0 a8 cd 8a 9f 09 ......Microsoft Wi-Fi Direct Virtual Adapter
  3...a0 a8 cd 8a 9f 08 ......Intel(R) Dual Band Wireless-AC 7260
  1...........................Software Loopback Interface 1
  5...00 00 00 00 00 00 00 e0 Microsoft ISATAP Adapter
  6...00 00 00 00 00 00 00 e0 Teredo Tunneling Pseudo-Interface
===========================================================================

IPv4 ルート テーブル
===========================================================================
アクティブ ルート:
ネットワーク宛先        ネットマスク          ゲートウェイ       インターフェイス メトリック
          0.0.0.0          0.0.0.0      192.168.0.1      192.168.0.3     25
        127.0.0.0        255.0.0.0            リンク上         127.0.0.1    306
        127.0.0.1  255.255.255.255            リンク上         127.0.0.1    306
  127.255.255.255  255.255.255.255            リンク上         127.0.0.1    306
      192.168.0.0    255.255.255.0            リンク上       192.168.0.3    281
      192.168.0.3  255.255.255.255            リンク上       192.168.0.3    281
    192.168.0.255  255.255.255.255            リンク上       192.168.0.3    281
        224.0.0.0        240.0.0.0            リンク上         127.0.0.1    306
        224.0.0.0        240.0.0.0            リンク上       192.168.0.3    281
  255.255.255.255  255.255.255.255            リンク上         127.0.0.1    306
  255.255.255.255  255.255.255.255            リンク上       192.168.0.3    281
===========================================================================
固定ルート:
  なし

IPv6 ルート テーブル
===========================================================================
アクティブ ルート:
 If メトリック ネットワーク宛先      ゲートウェイ
  6    306 ::/0                     リンク上
  1    306 ::1/128                  リンク上
  6    306 2001::/32                リンク上
  6    306 2001:0:9d38:90d7:2c70:2c90:495a:f314/128
                                    リンク上
```

図 14.8　ルーティグテーブルの表示（Microsoft Windows 8）

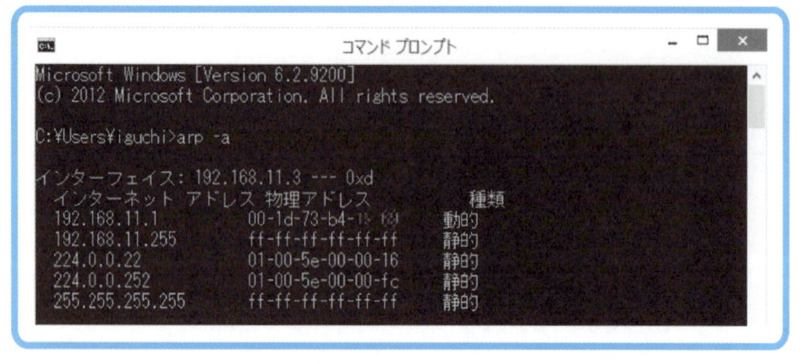

```
コマンド プロンプト
Microsoft Windows [Version 6.2.9200]
(c) 2012 Microsoft Corporation. All rights reserved.

C:¥Users¥iguchi>arp -a

インターフェイス: 192.168.11.3 --- 0xd
  インターネット アドレス 物理アドレス          種類
  192.168.11.1          00-1d-73-b4-1[illegible]      動的
  192.168.11.255        ff-ff-ff-ff-ff-ff     静的
  224.0.0.22            01-00-5e-00-00-16     静的
  224.0.0.252           01-00-5e-00-00-fc     静的
  255.255.255.255       ff-ff-ff-ff-ff-ff     静的
```

図 14.9　arp実行例（Microsoft Windows 8）

nslookupには，非対話モードと対話モードとよばれる二つの利用方法がある．一つの項目のみに対して問合せを行う際に，検索したいキーワードを指定して起動するのが非対話モードである．一方，キーワードを指定せずに起動すると，入力待ち状態のプロンプトが表示されるのが，対話モードである．

図14.10のように，非対話モードは検索したいキーワードを指定して起動する．ここでは例として，www.morikita.co.jpについて検索している．これでFQDNに対するIPアドレスを検索できる．これを正引きとよぶ．

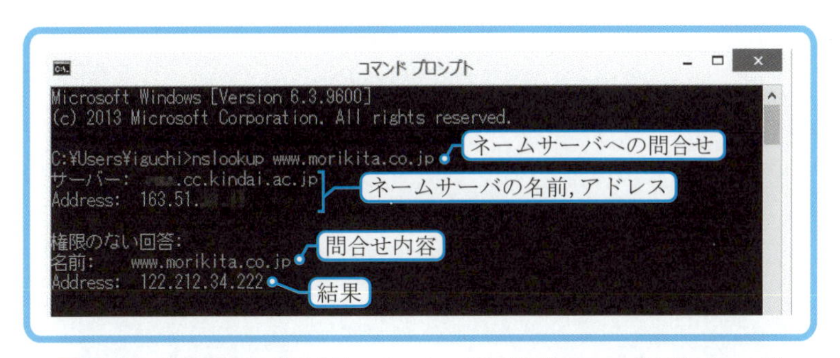

図14.10　非対話モードによるnslookup実行例（Microsoft Windows 8）

まず，自組織のキャッシュDNSサーバのIPアドレスが表示される．つぎの「権限のない回答（Non-authoritative answer）」という表示は，ゾーン情報に関して権威をもたないものからの回答であることを意味する．自組織のキャッシュDNSサーバが，代わりにこの問合せに対する応答をしたため，このメッセージが表示された．最後の2行でwww.morikita.co.jpには，122.212.34.222というIPアドレスが割り当てられていることがわかる．ブラウザのURLに，IPアドレス（122.212.34.222）を直接入力すると，www.morikita.co.jpと同じページが表示される．

図14.11のように，対話モードではまずnslookupだけを入力すると，入力待ち状態のプロントが表示される．つぎに，検索したいホスト名を入力する．www.morikita.co.jpを入力すると，図14.12のように非対話モードと同じ結果が表示される．また，対話モードでは，図14.13のように環境変数とよばれる実行環境を設定するサブコマンドsetを使った検索も可能である．ここでは，ドメインのメールサーバを検索する．まず，「set type=mx」と入力し，つぎに検索したいドメイン名（morikita.co.jp）を入力する．検索の結果，メールサーバの情報が表示されていることがわかる．

つぎに，環境変数を「set type=ns」に変更する．これにより，ドメイン名を管理

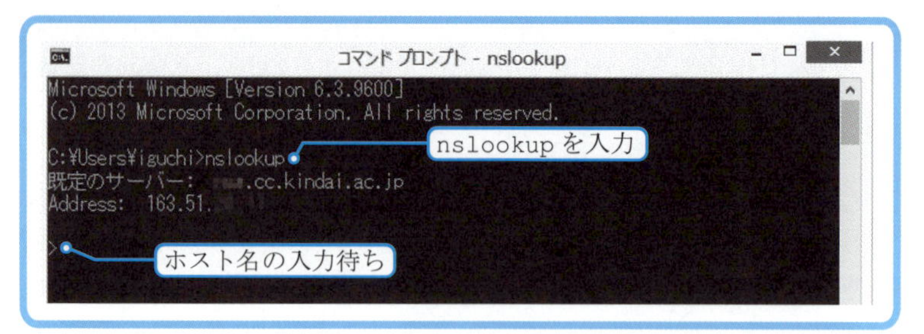

図 14.11　対話モードによる nslookup 実行例 1 （Microsoft Windows 8）

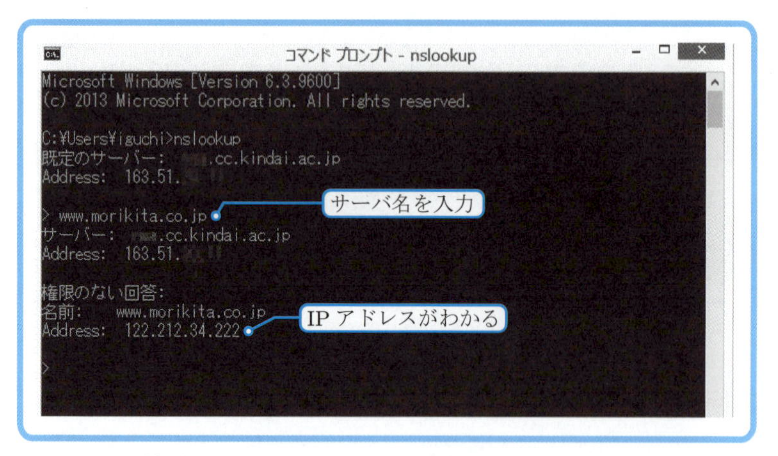

図 14.12　対話モードによる nslookup 実行例 2 （Microsoft Windows 8）

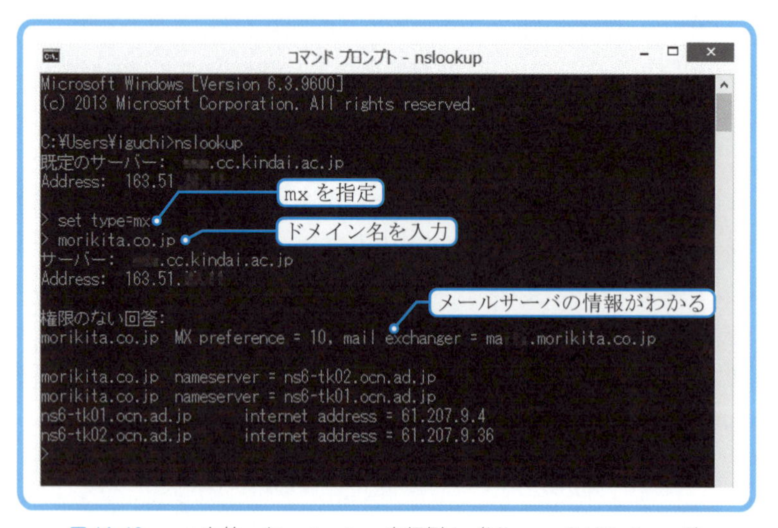

図 14.13　set を使った nslookup 実行例 1 （Microsoft Windows 8）

しているDNSサーバの情報を得ることができる．「set type=ns」を入力し，つぎに検索したいドメイン名を入力する．図14.14のように，ネームサーバの情報が表示されていることがわかる．

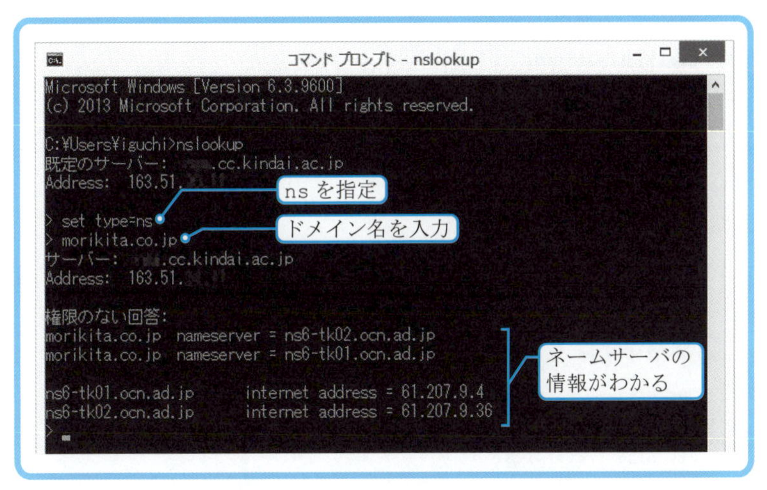

図14.14 setを使ったnslookup実行例2（Microsoft Windows 8）

DNSに関連したコマンドとして，digも使われる．nslookupはネームサーバからの応答をみやすい形式に一部加工して表示するため，場合によっては意図しない結果にみえることがある．一方，digはネームサーバからの応答を加工せずに表示する．このため，ネームサーバのトラブルを解決する際にはdigの使用が推奨されている．digには，対話モードとバッチモードの二つの使用方法がある．対話モードでは一つのコマンドの実行で一つの問合せを行い，バッチモードでは1回の実行で複数の問合せができる．

図14.15，14.16にMac OSで同じコマンドを実行したときの簡単な例を示す．いずれも「www.morikita.co.jp」の情報を問い合わせたものである．digの出力は各セ

```
kinda-labPC :~ iguchi$ nslookup www.morikita.co.jp
Server:         192.168.0.1
Address:        192.168.0.1#53

Non-authoritative answer:
Name:   www.morikita.co.jp
Address: 122.212.34.222
```

図14.15 nslookup実行例（Mac OS）

```
kinda-labPC:~ iguchi$ dig www.morikita.co.jp

; <<>> DiG 9.8.5-P1 <<>> www.morikita.co.jp
;; global options: +cmd
;; Got answer:
;; ->>HEADER<<- opcode: QUERY, status: NOERROR, id: 46126
;; flags: qr rd ra; QUERY: 1, ANSWER: 1, AUTHORITY: 2, ADDITIONAL: 4

;; QUESTION SECTION:
;www.morikita.co.jp.            IN      A

;; ANSWER SECTION:
www.morikita.co.jp.     114     IN      A       122.212.34.222

;; AUTHORITY SECTION:
morikita.co.jp.         7538    IN      NS      ns6-tk01.ocn.ad.jp.
morikita.co.jp.         7538    IN      NS      ns6-tk02.ocn.ad.jp.

;; ADDITIONAL SECTION:
ns6-tk01.ocn.ad.jp.     6867    IN      A       61.207.9.4
ns6-tk01.ocn.ad.jp.     6867    IN      AAAA    2001:380::1053
ns6-tk02.ocn.ad.jp.     27077   IN      A       61.207.9.36
ns6-tk02.ocn.ad.jp.     67183   IN      AAAA    2001:380:0:1::1053

;; Query time: 11 msec
;; SERVER: 192.168.0.1#53(192.168.0.1)
;; WHEN: Mon Nov 03 21:42:47 JST 2014
;; MSG SIZE  rcvd: 193
```

図 14.16 dig実行例（Mac OS）

ッションの内容が表示されていることがわかる．ホスト名からIPアドレスを得るためだけであれば，nslookupの出力で十分であるが，DNSサーバの動作を知るためには，digの出力が重要な情報となる．

本章のまとめ

1. pingによって，ネットワークの接続性のテストとRTTの計測ができる．
2. tracertによって，目的のホストまでの経路を知ることができる．
3. ipconfigは，PCのネットワークに関係する設定値の確認に使われる．
4. netstatによって，PCが集めたネットワークに関する統計情報や，ルーティングテーブルをみることができる
5. arpによってARPテーブルをみることができる．
6. nslookup/digによって，DNSサーバの動作状態や認定状態を確認できる．

14.1 本章で紹介した各コマンドを実行して，表示される結果を確認せよ．

演習問題解答

1章

1.1 ネットワーク上でのデータのやりとりに関する一定のルール.

1.2 PCをネットワークに接続する役割.

1.3 LANは大学のキャンパスや企業内などの地理的に制限されたネットワークであり，WANはLANどうしを接続して地理的に広い範囲を結んだ広域ネットワークである.

1.4 認証技術と暗号技術. 1.7節を参照.

1.5 単位時間あたりに送ることができる情報量.

1.6 単位時間あたりにネットワークシステムが実際に処理できるデータの量.

2章

2.1 世界中の利用者やコンピュータと自由にコミュニケーションができ，知識や情報の共有と交換が遅延なくできる. さらに，情報やデータだけでなく，PCやプリンターなどの共有も可能である.

2.2 2.4節を参照.

2.3 RFC 5000（Internet Official Protocol Standards）とRFC 7101（List of Internet Official Protocol Standards：Replaced by a Web Page）を参照.

3章

3.1 図3.1，3.2節を参照.

3.2 図3.1を参照.

3.3 3.3節を参照.

3.4 3.4節，図3.7を参照.

4章

4.1 8本のケーブルを2本ずつのペアにして各ペアを撚る. 非シールド撚り対線とよばれ，現在，最も広く普及しているケーブルである.

4.2 スイッチとルータ，スイッチとPC，ハブとPCの接続に使用する.

4.3 スイッチとスイッチ，スイッチとハブ，ハブとハブ，ルータとルータ，PCとPC，ルータとPCの接続に使用する.

4.4 材質がガラスファイバで電気信号を通さないため.

4.5 経路の途中でノイズによる影響を受けると，ノイズが加わった乱れた信号となり，誤りのない通信の妨げになるため.

4.6 2本のケーブルの間にリピータを挟むことで，ケーブルの最大伝送距離を延長することが可能となる. 4.6.1項を参照.

5章

5.1 図5.1を参照.

5.2 ブリッジは，MACアドレスを管理して，必要のないポートにはデータを転送しない．一方，リピータは電気信号を転送するだけである.

5.3 5.2.1項を参照.

5.4 スイッチの内部で論理的にLANを分割して，複数のLANのグループを作成するもの．5.2.2項を参照.

5.5 2個（ブリッジはコリジョンドメインを分割する）.

5.6 5.7節を参照.

6章

6.1 ベストエフォート型の配送メカニズムで，パケットのルーティングを行う.

6.2 パケットの生存時間を示す．相手に届かないパケットが，同じ経路上をループし続ける状況などを防止する.

6.3 6.2節を参照.

6.4 既知のIPアドレスに対応するMACアドレスを取得するために使用する.

7章

7.1 32ビット長．表記方法は7.1.3項を参照．構造は図7.1を参照.

7.2 ネットワークアドレスはネットワーク自身を示すIPアドレスであり，ホスト部のビットはすべて「0」となる．ブロードキャストアドレスは，ネットワーク内のすべてのホストにいっせいにパケットを送信する場合に使用するIPアドレスであり，ホスト部のビットをすべて「1」に設定する.

7.3 7.2.1項を参照.

7.4 CIDRでは，ネットワーク部を表す部分のビット長を可変として，クラスA～Cというクラス分けに関係なく，IPアドレスの割り当てを行う.

7.5 7.4.1項を参照

7.6 DHCPによってIPアドレスの自動割り当てが可能となる．DHCPサーバとDHCPクライアントの二つから構成される．DHCPサーバが各種設定情報を管理し，DHCPクライアントからの要求に応じて情報を配布する．DHCPで配布可能な主な情報には，IPアドレス以外に，サブネットマスク，デフォルトゲートウェイ，DNSサーバのIPアドレス，WebサーバのIPアドレス，メールサーバのIPアドレスがある.

7.7 $240 = 128 + 64 + 32 + 16$ なので，サブネット部は4ビットとなる．したがって，サブネットの数は，$2^4 = 16$ 個となる.

7.8

サブネットマスク	ホストに割り当て可能なアドレス
255.255.255.240	222.111.0.49～222.111.0.62

8章

8.1 ルータはネットワークとネットワークを接続するために使用する接続装置であり，ルーティングテーブルを参照して，パケットの出力先を決定する．また，ブロードキャストドメインを分割する．

8.2 管理者がルーティングテーブルを作成して更新する方式．

8.3 ルーティングプロトコルを用いてルータ間で経路情報を交換する方式．

8.4 ホップ数．

8.5 最大メトリックが 15 であるため，16 ホップ以上のあて先にはパケットを転送することができない．また，ホップ数のみをメトリックとして使用するため，必ずしも速い経路を選択するとはかぎらない．

8.6 リンクステート型ルーティングプロトコルであり，経路情報の変化が瞬時にフラッディングされるので，ネットワークが安定する状態（コンバージェンス）になるまでの時間が短い．

9章

9.1 ホスト間での信頼性の高い通信を保証すること．

9.2 アプリケーションを識別する．

9.3 9.5 節を参照．

9.4 確認応答がこなくても連続してセグメントを送ることができるしくみ．9.6 節を参照．

9.5 スロースタート段階は，新しい通信を行う場合や輻輳を回避したあとで，再び転送速度を上げようとする場合に用いられる．スロースタート段階では，輻輳ウィンドウを 1 に設定して通信を開始し，確認応答を受信するたびに輻輳ウィンドウを 1 セグメント分の大きさだけ増加させる．輻輳回避段階では，受信した確認応答の数にかかわらず一往復ごとに 1 セグメント分の大きさだけゆるやかに増加させる．

9.6 UDP を用いることで，IP の機能をアプリケーションから直接使うことができ，コネクション確立作業が不要となる．

10章

10.1 10.1 節，図 10.2 を参照．

10.2 組織の種別ごとに区別されたドメイン名であり．一つの組織が登録できるドメイン名は一つと決められている．表 10.2 を参照．

10.3 権威 DNS サーバは各ドメインの情報を管理しており，ほかのネットワークから自ドメインに対する問合せに答える．一方，キャッシュ DNS サーバは，リゾルバからの問合せに対応する．

11章

11.1 端末の機能を共通化することで，サーバとクライアントのハードウェアやオペレーションシステムに依存せずに，サービスを提供できるようにするため．

11.2 ホスト認証は，接続しているサーバが正しいサーバであることを確認するためのものである．クライアントはサーバの公開鍵を入手すると，その公開鍵を使って適当な乱数を暗号化した結果をサーバに送る．サーバは，送られてきた結果を秘密鍵で復号化して，クライアントが使った乱数を得る．公開鍵と秘密鍵はペアになっているので，秘密鍵をもっているサーバのみが復号化できる．サーバはその乱数をクライアントへ返信する．クライアントは受け取った乱数と元の乱数を比較する．一致すれば，サーバのホスト認証が完了する．図 11.1 を参照．

11.3 制御用コネクションとデータコネクションの二つのTCPコネクションを使うことで，データの転送中にコマンドを実行できるため．これにより効率的なファイル転送が可能となる．制御用コネクションではポート番号 21 番，データコネクションではポート番号 20 番を使用する．

12章

12.1 電子メールの配送を担当するMTAと，メーラなどの電子メールを読み書きするUAから構成される．図 12.1 を参照．

12.2 SMTPが動作しているメールサーバは常時ネットワークに接続しているので，メールの配送要求があると即時に対応できる．ところが，ユーザがメールの読み出しに使うPCは常時ネットワークに接続しているとは限らないため，メールサーバ上の各自のメールボックスに一時保存する．メールを取得したいユーザは，取得したいときにネットワークに接続し，POPなどによってメールボックスのメールを読み出す．このように，SMTPが動作しているメールサーバとユーザがメールの読み出しに使うPCでは，ネットワークへの接続形態が異なるためである．また，メールの読み出しには本人認証が必要であるため．

12.3 本人だけが，本人のメールを取得できるようにするため．

13章

13.1 インターネット上にある資源のありかを示すための情報．「スキーム」，「ホスト名」，「パス名」で構成される．図 13.2 を参照．

13.2 WWWのしくみのなかで，ブラウザからのデータを要求する役割とWebサーバからのデータを返信する役割．

13.3 ユーザの情報を保持する機能をHTTPに追加する役割．

13.4 不特定多数の利用者がいるインターネット上で，あらかじめクライアントとWebサーバ間だけで共通鍵を交換するために，公開鍵暗号方式を使う．データを暗号化してやりとりする場合には，処理の軽い共通鍵暗号方式を使う．

14章

14.1 各コマンドの実行結果を参照．

索　引

ま 行

や 行

ら 行

著 者 略 歴

井口　信和（いぐち・のぶかず）

1986 年　三重大学卒業
1988 年　三重大学大学院修士課程修了
1988 年　豊田自動織機製作所（現 豊田自動織機）
1992 年　和歌山県工業技術センター研究員
2001 年　大阪大学大学院基礎工学研究科博士後期課程修了　博士（工学）
2002 年　近畿大学理工学部情報学科助教授
2007 年　近畿大学理工学部情報学科准教授
2009 年　近畿大学理工学部情報学科教授
2014 年　近畿大学総合情報基盤センター長（兼務）
2020 年　近畿大学 CISO（兼務），CIO 補佐（兼務）
2022 年　近畿大学情報学研究所長代理（兼務）
2024 年　近畿大学情報学部情報学科教授
　　　　情報学部長代理（兼務）
　　　　デザインクリエイティブ研究所 DX デザインセンター長（兼務）
　　　　現在に至る

編集担当　二宮　惇（森北出版）
編集責任　石田昇司（森北出版）
組　　版　創栄図書印刷
印　　刷　　同
製　　本　　同

ネットワーク
—目には見えないしくみを構成する技術—

2015 年 3 月 19 日　第 1 版第 1 刷発行
2025 年 2 月 10 日　第 1 版第 8 刷発行

著　　者　井口信和
発 行 者　森北博巳
発 行 所　**森北出版株式会社**
東京都千代田区富士見 1-4-11（〒102-0071）
電話 03-3265-8341／FAX 03-3264-8709
https://www.morikita.co.jp/
日本書籍出版協会・自然科学書協会　会員
JCOPY　<（一社）出版者著作権管理機構　委託出版物>

落丁・乱丁本はお取替えいたします．

Printed in Japan／ISBN978-4-627-85231-0